★ 探索未知丛书

新闻出版总署向全国少年儿童推荐的百种优秀图书

上海科普图书创作出版专项资助
上海市优秀科普作品

纳米世界

周坚白 陈国虞 许祖馨 编写

U0297959

少年儿童出版社

序

    "探索未知"丛书是一套可供广大青少年增长科技知识的课外读物，也可作为中、小学教师进行科技教育的参考书。它包括《星际探秘》《海洋开发》《纳米世界》《通信奇迹》《塑造生命》《奇幻环保》《绿色能源》《地球的震颤》《昆虫与仿生》和《中国的飞天》共10本。

    本丛书的出版是为了配合学校素质教育，提高青少年的科学素质与思想素质，培养创新人才。全书内容新颖，通俗易懂，图文并茂；反映了中国和世界有关科技的发展现状、对社会的影响以及未来发展趋势；在传播科学知识中，贯穿着爱国主义和科学精神、科学思想、科学方法的教育。每册书的"知识链接"中，有名词解释、发明者的故事、重要科技成果创新过程、有关资料或数据等。每册书后还附有测试题，供学生思考和练习所用。

    本丛书由上海市老科学技术工作者协会编写。作者均是学有专长、资深的老专家，又是上海市老科协科普讲师团的优秀讲师。据2011年底统计，该讲师团成立15年来已深入学校等基层宣讲一万多次，听众达几百万人次，受到社会认可。本丛书汇集了宣讲内容中的精华，作者针对青少年的特点和要求，把各自的讲稿再行整理，反复修改补充，内容力求新颖、通俗、生动，表达了老科技工作者对青少年的殷切期望。本丛书还得到了上海科普图书创作出版专项资金的资助。

上海市老科学技术工作者协会

编委会

主 编：

贾文焕

副主编：

戴元超　刘海涛

执行主编：

吴玖仪

编委会成员：（以姓氏笔画为序）

王明忠　马国荣　刘少华　刘允良　许祖馨

李必光　陈小钰　周坚白　周名亮　陈国虞

林俊炯　张祥根　张　辉　顾震年

目　录

引言 ……………………………………………………… 1

一、物质世界的"新大陆" ………………………………… 2

　一纳米有多长 ……………………………………… 2

　纳米世界的发现 …………………………………… 4

　身边的纳米世界 …………………………………… 5

二、纳米科技的由来 ……………………………………… 9

　打开纳米世界的钥匙 ……………………………… 10

　纳米材料的"开山之作" ………………………… 14

　纳米科技的诞生 …………………………………… 14

　新的"革命" ……………………………………… 15

　"原子笔"写下历史篇章 ………………………… 16

三、神奇的纳米材料 ……………………………………… 18

　纳米"变身术" …………………………………… 18

　"变身术"的由来 ………………………………… 19

　古代的"纳米工艺师" …………………………… 23

　制造纳米材料 ……………………………………… 24

　纳米实验室之路 …………………………………… 25

　大显身手 …………………………………………… 29

　纳米纺织品 ………………………………………… 30

　纳米"天梯" ……………………………………… 32

　构建"天梯" ……………………………………… 34

　"飞檐走壁"的秘密 ……………………………… 35

四、神通广大的纳米机器人 ……………………………… 38

形形色色的纳米器件 ·················· 38

多姿多彩的纳米机器 ·················· 41

纳米机器人 ························· 46

战场上的小精灵 ····················· 51

纳米技术与未来战争 ·················· 53

五、生命与纳米 ························ 55

纳米级的大工厂 ····················· 55

高超的组装水平 ····················· 61

生物的奇异特性 ····················· 61

生命研究的新天地 ··················· 64

六、未来医学的"闪亮之星" ············· 70

基因治疗 ·························· 70

修复器官 ·························· 72

听声辨病的纳米耳 ··················· 74

纳米陷阱捕捉病毒 ··················· 76

纳米药物 ·························· 78

纳米磁性材料 ······················ 79

生物的自疗 ························ 80

中华的瑰宝 ························ 81

测试题 ···························· 84

引 言

如今全球掀起了一股"纳米热",世界各国特别是发达国家竞相发展纳米科技。专家们认为,纳米科技将引发一场新的技术革命和产业革命。

十多年前,"纳米"还鲜为人知,现在"纳米"已是闪亮的明星,关于纳米科技的产品广告到处可见。许多人感到疑惑:那些真的都是纳米科技产品吗?真有广告中说的那么神奇吗?纳米、纳米科技究竟是怎么回事呢?

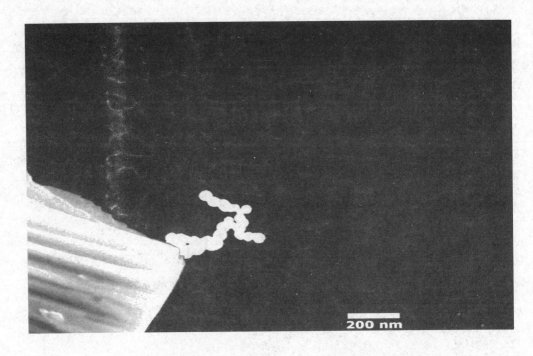

200 nm

一、物质世界的"新大陆"

就

像哥伦布发现新大陆一样，纳米世界是科学家发现的物质世界的"新大陆"，那里隐藏着无数的奥秘和"奇珍异宝"，等着人们去发现、去探索。

一纳米有多长

　　纳米和米、分米、厘米、毫米、微米一样，是一个长度的计量单位。它对应的英文是 nanometer，它的法定单位符号为"nm"，在希腊文中意思是"矮小"、"侏儒"。

　　1 米的千分之一是 1 毫米，1 毫米的千分之一是 1 微米，1 微米的千分之一才是 1 纳米。数学表达式为：$1 \text{ nm} = 10^{-9} \text{ m}$。

　　纳米的确是微乎其微。平常一根头发丝的直径就约有 8 万纳米。血

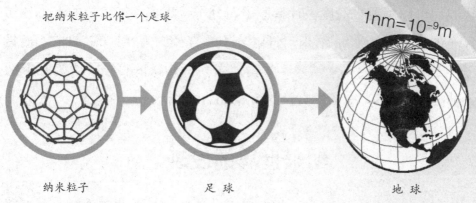

把纳米粒子比作一个足球

$1nm=10^{-9}m$

纳米粒子　　　　　　足球　　　　　　　　　地球

则一个足球将比地球还要大

液中红细胞的直径大约为几千纳米。一个身高 2 米的人就是有 2×10^{10} 纳米高。如果把典型纳米粒子（巴基球）比作足球那么大，那么一个足球将比地球还要大。

1mm

1μm

1m

如果从地上到你的腰是 1 米高，其千分之一是 1 毫米；你手上拿着共 1 毫米厚的 1000 张最薄的纸，每张厚度为 1 微米；将这厚度为 1 微米的薄纸再分成 1000 份（假如能够分的话），它的厚度才是 1 纳米。

3

知识链接

前缀	符号	大小
尧（yotta）	Y	1尧米=1,000,000,000,000,000,000,000,000米
泽（zetta）	Z	1泽米=1,000,000,000,000,000,000,000米
艾（exa）	E	1艾米=1,000,000,000,000,000,000米
拍（peta）	P	1拍米=1,000,000,000,000,000米
太（tera）	T	1太米=1,000,000,000,000米
吉（giga）	G	1吉米=1,000,000,000米
兆（mega）	M	1兆米=1,000,000米
千（kilo）	k	1千米=1,000米
百（h（kilo）	h	1百米=100米
厘（centi）	c	1厘米=0.01米
毫（milli）	m	1毫米=0.001米
微（micro）	μ	1微米=0.000,001米
纳（nano）	n	1纳米=0.000,000,001米
皮（pico）	p	1皮米=0.000,000,000,001米

我们可以用纳米尺度去计量原子、分子、病毒、细菌等的大小。如氢原子的直径约为 0.08 纳米，气体分子的直径约为 0.1~0.2 纳米，金属原子的直径约为 0.3~0.4 纳米。生物体内多种病毒的直径一般为几十纳米，非典（SARS）病毒的直径约为 80~120 纳米。

纳米世界的发现

　　在历史的长河中，人类对物质世界的认识是从直接用肉眼能够看到的事物开始，然后不断向大、小两个相反的方向拓展。大的方向是在宏观领域中拓展；小的方向是进入微观领域。

　　随着科学技术的发展，宏观世界研究的对象越来越大、越来越远，已超出太阳系，延伸到"宇观"领域。银河系、河外星系等都属于这个领域。目前观测到的宇宙最远处距离地球为 1 兆兆光年（光的速度是每秒 300 兆千米，光在一年中所走过的路程为 1 光年）。

　　人们对微观层次的研究也不断深入，敲开了原子核，进入了"妙观"领域。原来，不仅构成"物质大厦"的最小"砖块"——原子是可分的，原子核也是可分的，原子核内部能释放出惊人的能量。真空不再是空空如也，而是基本粒子热闹非凡的地方。从"微观"到"妙观"，这里的物质世界的时空尺度在 10^{-14} 米以下，最小时间以 10^{-15} 秒计。

　　在探索"宇观"和"妙观"世界的同时，科学家发现人类知识大厦上存在着一条"裂缝"，裂缝的一边是宏观世界，另一边是微观世界。这两个世界不是简单的链接，而是存在着一个"介观"过渡区。

　　科学家惊讶地发现，在这个"介观"过渡区内，尤其是当物质的尺寸小到 0.1 纳米 ~100 纳米之间时，其性能会发生突变，出现许多奇异的、崭新的物理性能。例如一个导电又导热的铜或银导体，做成纳米尺寸以后，就变得既不导电、也不导热；把铁钴合金制成大约 20~30 纳米大小时，它的磁性要比原来高 1000 倍。

钱学森的"妙观"

"妙观"是著名科学家钱学森提出的。1934 年，钱学森毕业于上海交通大学机械工程系。1935 年，他留学美国，先后获麻省理工学院航空系硕士，美国加州理工学院航空、数学博士学位，并任麻省理工学院教授，加州理工学院喷气推进中心主任、教授。1955 年，他冲破重重阻力返回祖国，曾任中国科学院力学研究所所长，国防部第五研究院（导弹研究院）院长等。

在 20 世纪 60 年代关于原子模型的大讨论中，钱学森总结了最新的科学成果后提出了"妙观"的概念。"妙观"层次的探究，推动了粒子加速器、对撞机、电子显微镜、原子弹、氢弹的产生，以及原子能发电、高能辐射技术的广泛应用和激光的发明。

原来，0.1 纳米 ~100 纳米之间是科学界中认识的一个盲区，是未开垦的"处女地"，这引起了一大批科学家的极大兴趣。

终于，人类发现了物质世界的"新大陆"——纳米世界！

身边的纳米世界

科学家在对新材料的研究制作中发现了纳米世界。与此同时，大家又逐渐认识到，其实在自然界早就存在具有神奇功能的天然纳米物质，如树叶里的叶绿体粒子及蜘蛛丝等。

植物叶子中的叶绿体是植物细胞里的纳米粒子，它能利用太阳能将二氧化碳和水转化成储存着能量的有机物，并释放出氧气。根瘤菌是伴生在豆科植物根部的纳米粒子，它能合成蛋白质。构成生命要素之一的核糖核酸蛋白质复合体，其粒度在 15~20 纳米之间。细胞中所有的酶都是能完成独特任务的"纳米机器"，它们在微观世界中能精确地制造物质。

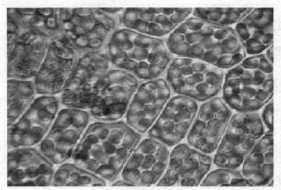
植物细胞里的叶绿体

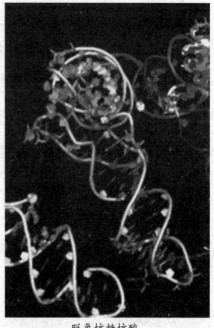
脱氧核糖核酸

人的牙齿之所以特别坚固，也是因为在牙齿的表面排列着纳米尺寸的微晶。

　　在蜘蛛肚子里，有一种黏稠的液体——丝蛋白。依靠蜘蛛的腿，这种液体通过其腹部尾端吐丝器的细孔被拉出来，一遇到空气很快凝结、硬化，变成一根根闪闪发光的蜘蛛丝。从微细管中拉出的极细的蜘蛛蛋白丝，它们的最小直径只有 20 纳米。这是真正天然的纳米纤维，具有很高的强度、弹性、柔韧性、伸长度和抗断裂强度，还具有轻盈、耐紫外线、生物相容性好等特点，其中的一些功能是金属或合成纤维难以模拟的。

　　如果将蜜蜂放在 3000 米

的高空，它会返回到自己的蜂房。为什么？因为蜜蜂的体内存在带磁性的纳米粒子，这种磁性粒子具有"罗盘"的作用。

有一种海龟在佛罗里达海边上产卵，幼小的海龟为了寻找食物，游到大西洋的另一侧靠近英国的小岛附近海域生活。从佛罗里达到这个岛屿的海面再回到佛罗里达，来回的路线不一样，相当于沿顺时针方向绕大西洋一圈，大约花费5~6年的时间，行程几万里。海龟能准确无误地到达目的地究竟是靠什么导航的呢？

原来，海龟靠的也是其头部所携带的磁性纳米微粒，它们就是凭借这种纳米微粒在地磁场中导航不会迷失方向，能准确无误地完成长途旅行后回到出发点。

有趣的是，人们非常熟悉的螃蟹原先是像其他生物一样向前"直行"的，而并不是我们现在所看到的"横着走路"的。这是为什么？因为亿万年前的螃蟹第一对触角里有几颗用于定方向的纳米微粒，这就像是几只小指南针。螃蟹的祖先靠这种"指南针"前进后退，行走自如。后来，由于地球的磁场发生了多次剧烈的倒转，螃蟹体内的小磁粒失去

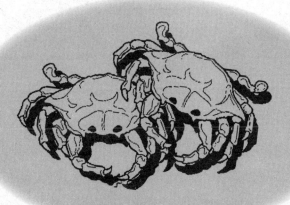

了原来的定向作用，螃蟹也就失去了前后行动的功能而转变为横行。

大自然中，处处皆有纳米粒子。蓝蓝的天空上飘浮着的朵朵白云，它们是由很多小水滴形成的，其中就有纳米尺度的小水滴。清晨，江面上弥漫着的茫茫迷雾，也是由于空气中的小水滴形成的，其中也有纳米尺度的小水滴……化学上把这种体系称为气溶胶。肥皂泡沫、牛奶等属液溶胶，是由于水中分散着纳米的颗粒；珍珠、彩色塑料等属固溶胶，是由于固体中分散着纳米级颗粒。

我国安徽省出产的著名徽墨，主要原料是烟凝结成的黑灰，在凝结的初期就会有看不见的很细的纳米级颗粒。人们把从烟道里扫出的黑灰与树胶、少量香料及水分制成徽墨，所以很名贵。制墨时所用的黑灰越细，墨的保色时间越长，写字效果越好。

大自然几乎无处不存在神奇的纳米世界。

二、纳米科技的由来

美国量子物理学家理查德·费曼在 1959 年的一次演讲中做出惊人的预言：人类将有可能操控原子来制造物品。

费曼展开想象的翅膀为我们描述了激动人心的场面："当我们深入并游荡在原子的周围时，我们能以全新的生产方式，完成异乎寻常的工作。如果有一天可以按人的意志安排一个一个原子，将会产生什么样的奇迹？"

这正是对纳米科技的预言——通过人为操纵一个一个原子来构造人们所需要的具有特定功能的材料。费曼的这些观点是纳米科技的重要思想来源。

杰出的量子物理学家——费曼

理查德·费曼被公认为继著名的爱因斯坦之后的又一位杰出的量子物理学家。1965年，费曼因为成功地解决了量子电动力学方面的问题而获得诺贝尔物理学奖。费曼讲课不拘一格，他不是给学生传授知识，而是要让大家一起寻找物质世界的奇妙，掌握科学的思想方法。

在"挑战者号"航天飞机意外起火爆炸后的一次国会会议上，许多调查人员出示了各种各样杂乱而令人生厌的数据、资料，表明失事的原因非常复杂。一旁的费曼却做了一个设计精巧而又简单的实验。他用尖嘴钳夹住橡皮环，塞进冰水里。5分钟后，他提出冻得僵硬的橡皮环，松开钳子说："发射当天的低气温使橡皮环失去膨胀性，导致推进器燃料泄漏，这就是问题的关键。"

打开纳米世界的钥匙

长期以来，人们只知道物质由原子组成，却不能直接"看"到原子。这种情况直到扫描隧道显微镜诞生才得以改变。

扫描隧道显微镜是1982年由德国博士生葛·宾尼和他的导师罗雷尔教授共同研制成功的。扫描隧道显微镜有惊人的分辨率，用它能把导电物体表面的原子、分子"看"得清清楚楚。

为什么扫描隧道显微镜有如此大的本领呢？原来，两个有电压差的平板导体只要不接触是不会有电流通过

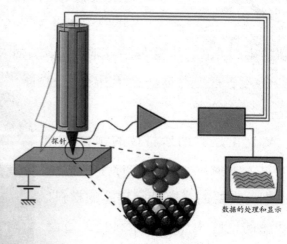

探针

数据的处理和显示

扫描隧道显微镜原理示意图

的，可是当这两个导电平板靠得很近、相隔小于 1 个纳米时，即使不接触，也会产生电流，这种电流称作隧道电流（详见下一章"神奇的纳米材料"中的"量子隧道效应"）。隧道电流的大小与两个导体的间距十分敏感，如果把距离减少 1 纳米，隧道电流就会增大一个数量级。

扫描隧道显微镜就是将上述两个有电压差的平板导体，换成一个尖锐的金属探针和一个平坦的导电样品，利用测量流过扫描探针针尖和样品表面的电流大小，来分辨样品表面原子的状况。例如探针下面离针尖更近的有原子的地方电流相对就强，无原子的地方电流相对就弱一些。把隧道电流的这种变化记录下来，输入到计算机进行处理和显示，就可以得到样品表面原子状况的图像。

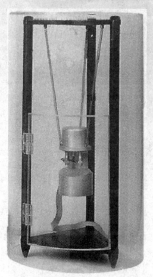

上海生产的扫描隧道显微镜的外形

打个比方：将你的手指比作探针，在不同材料的表面摩擦，你会分辨出天鹅绒、金属和木头，因为不同的材料在你的手指上展示了不同的力。

有人把扫描隧道显微镜称为纳米眼和纳米手。说它是"纳米眼"，就是因为它

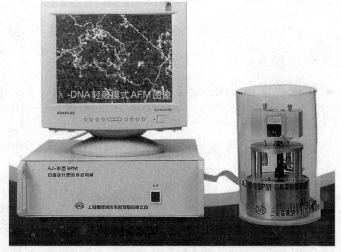

上海生产的原子力显微镜（AFM），可以对柔软、易碎和黏附性较强的样品成像

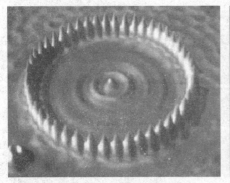

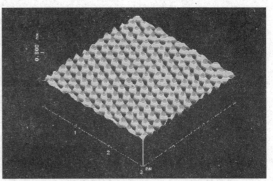

扫描隧道显微镜拍摄的原子排列　　扫描隧道显微镜拍摄的高序石墨表面碳原子规则排列的图像

的那根极细的探头，就像"眼睛"一样。这只眼睛看物体的时候离物体表面只有零点几个纳米，具有极高的分辨率——横向可达 0.1 纳米，纵向可达 0.01 纳米，利用它能一睹原子的"庐山真面目"。说它是"纳米手"，是因为可以用它在物体表面上刻画纳米级的微细线条，并能搬运一个个原子和分子。

扫描隧道显微镜为实现人们长期追求的直接观察和操纵一个个原子和分子的愿望，提供了有力的工具。它的发明非同小可，为人类进入纳米世界创造了基础性的技术条件，大大地推动了纳米空间尺度的科学实践活动，被国际科学界公认为 20 世纪 80 年代世界十大科技成果之一。为此，扫描隧道显微镜的发明者在 1986 年获得诺贝尔物理学奖。

然而，扫描隧道显微镜也有它的不足

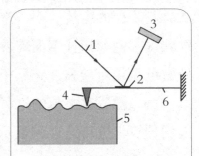

1. 检测用激光；2. 镜面反射镜；
3. 光电位移传感器；
4. 金刚石针尖；
5. 样品；6. SiO$_2$/Si$_3$N$_4$膜悬臂梁

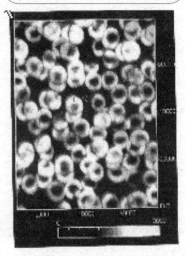

利用原子力显微镜得到的血液中的红细胞图

12

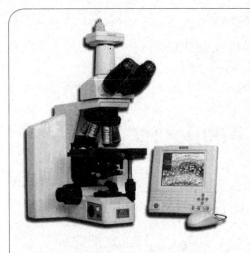

光学显微镜于1830年由施莱德和施曼发明；它使人类"看"到了致病的细菌、微生物和微米级的微小物体，至今仍是主要的显微工具

20世纪30年代早期卢斯卡发明了电子显微镜，使人类能"看"到病毒等亚微米的物体，它与光学显微镜一起成了微电子技术的基本工具

之处——只能应用于导电的样品。为了能"看见"不导电物体表面的原子，人们又发明了原子力显微镜。

1985 年，葛·宾尼应美国斯坦福大学奎特的邀请，去斯坦福大学作访问研究。在此期间，他发明了原子力显微镜（AFM）。

扫描探针显微镜的外形照片

原子力显微镜对不导电的样品也能观察其表面原子的形貌。那么，原子力显微镜是怎样工作的呢？原来，科学家用一根很尖的探针固定在很灵敏的弹性臂上，当针尖很接近样品时，针尖顶端的原子与样品表面原子之间的作用力会使悬臂弯曲，偏离原来的位子，从而根据针尖的移动获取图像。这与唱机的唱针扫描唱片纹路的情况差不多。

扫描隧道显微镜与原子力显微镜一起构建了扫描探针显微镜（SPM）系列。扫描探针显微镜的发明是纳米科技诞生的前提，是打开纳米世界的钥匙。

纳米材料的"开山之作"

纳米材料的制备和研究是纳米科技的基础。最早认识到纳米材料的性能、并引用纳米概念是在 20 世纪 70 年代。从 20 世纪 80 年代起，人类开始有目的地研究纳米材料。80 年代中期，人们正式把这种基本颗粒大小为 1~100 纳米，具有既不同于原来组成的原子、分子，也不同于宏观物质的特殊性能的材料命名为纳米材料。

1984 年，德国科学家格莱特在高真空的条件下，将直径为 6 纳米大小的铁微粒压制成型、烧结得到一种人工凝聚态固体，这就是纳米微晶体块，从而完成了纳米材料的"开山之作"。

纳米科技的诞生

1990 年，美国贝尔实验室的惊世杰作——纳米机器人诞生了。令人叹服和震撼的是，这个仅有跳蚤般大小的东西居然五脏俱全："身体"由许多齿轮等零件、涡轮机和微型电脑组成。齿轮等零件小得如空气中飘浮的尘埃。6 万台这样的涡轮机所占面积仅有 1 平方英寸，人们只有借助高倍电子显微镜才能看到它的外形和结构。它的"大脑"能对各种外来信息和刺激迅速做出反应。

1990 年 7 月，第一届国际纳米科技大会在美国巴尔的摩城市举行，《纳米技术》杂志正式创刊，纳米科技由此正式宣告诞生。

那么，究竟什么是纳米科技呢？现在科技界普遍公认的纳米科技的

格莱特在一次旅游中的遐想

1980 年的一天，德国科学院院士格莱特教授到澳大利亚旅游。当他独自驾车横穿澳大利亚的大沙漠时，空旷和孤独的环境使他的思维特别活跃起来。他长期从事晶体材料的研究，知道晶体中晶粒的大小对材料性能有极大影响。晶粒越小材料的强度越高。比如面粉中的精面粉比普通的面粉细，和出的面就有特别好的韧性和延展性，能拉出细如丝的龙须面，而用粗面粉则不行。

这时格莱特就想，如果组成材料的晶粒细到只有几个纳米大小，那材料会是什么样子呢？或许会发生"天翻地覆"的变化吧？

在旅游中冒出来的这个遐想使他兴奋不已。回国后他立即着手试验。经过近 4 年的努力，他终于在 1984 年得到了只有几个纳米大小的超细粉末。而且他发现任何金属和无机或有机材料都可以制成纳米大小的超细粉末。更有趣的是，粉末一旦变成纳米大小，颜色都会变黑，其他性能也会发生"天翻地覆"的变化。

15

定义是，在纳米尺度上研究物质（包括原子、分子的操纵）的特性和相互作用，以及利用这些特性的多学科交叉的科学和技术。

纳米科技的最终目标是直接操纵及排列原子和分子来制造具有特定功能的产品。如今，纳米科技包括纳米材料学、纳米电子学、纳米生物学、纳米物理学、纳米化学、纳米机械学等新学科。

新的"革命"

人类自古以来的创新思路和方法基本上都是"由大到小"。比如将一棵树"削去"树皮做成造房用的栋梁，再"削去"一部分做成铺地板用的木板或铺铁轨用的枕木，再"削去"一部分做成筷子，再"削去"

一部分做成火柴梗，再"削去"一部分后做成木浆，然后做成纤维……在这个过程中存在着大量的资源和劳力的浪费。

纳米科技的出现，使单纯的"由大到小"的创新思路和方法面临挑战。科学家提出了全新的"由小到大"的思维方式和自我复制的方法，即打开纳米世界的大门，直接通过"摆布"原子、分子，制造具有特定功能的产品。

将来，越来越多的材料和产品是从小到大制造成的。这种"由小到大"的制造方式需要的材料较少，造成的污染程度也较低，而且可以按照人们的需要设计自然界存在的或者自然界中目前尚未发现的新物质。传统的"由大到小"的制造方式是把原材料如钢板、混凝土等，经过压、切、铸等工艺和过程制成部件和产品；而新的"由小到大"的制造方式是通过排布原子、分子，组成纳米结构单元，然后将它们再组合成具有独特性能和功能的较大的结构，这将从根本上给制造业带来一场新的"革命"。

"原子笔"写下历史篇章

1989 年，IBM 公司阿尔玛登研究中心的研究员唐纳德·埃戈勒与一位同事在他的实验里第一次使原子发生了位移。他们用当时世界上最精确的测量和操纵工具，在一块镍晶体上缓慢、巧妙地移动了 35 个氙原子，并拼出了该公司的标志"IBM"3 个字母，这 3 个字母拼在一起的整个宽度仅在 3 个纳米以内。尽管这次移动原子是在极低温度下的真空室内实现的，但毕竟实现了显微操作，实现了费曼 40 多年前的设想。

20 世纪 90 年代开始，中国科学院北京真空物理实验室和化学所运用扫描隧道显微镜自如地操纵原子，进行了纳米级及原子级的表面加工，在晶体表面先后刻写出"中国"和中科院的英文缩写"CAS"。字的尺寸为 200 纳米 ×200 纳米。按照这个尺寸，可以在大头针针尖一样的面

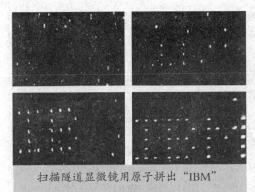

扫描隧道显微镜用原子拼出"IBM"

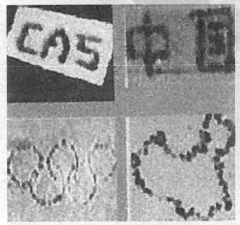

扫描隧道显微镜用原子排列出
"CAS"、"中国"的字样

积上记录下一部《红楼梦》的全部内容。它标志着我国开始在国际纳米科技领域占有一席之地，居于国际科技前沿。

以微电子技术为代表的微米科技，正在对世界产生深远的影响。例如原子能的利用；体积越来越小、效率越来越高的电子计算机；由电子控制的日常用品；四通八达的电脑网络通信……都得益于微米科技。现在，比微米科技更深入微观世界的纳米科技，将使人类进一步掌握物质的规律，创造更美好的未来。

知识链接

中国制造出扫描隧道显微镜探针

在扫描探针显微镜的组成部分中，探针最为重要，而探针的关键是形状和材料的性质。用碳纳米管做扫描探针显微镜的探针针尖，就可观察到原子缝隙的底部，得到分辨率极高的图像。1999年，北京大学的研究组在世界上首次将单壁碳纳米管组装竖立在金属表面，并且组装出世界上最细、性能优良的扫描隧道显微镜用的探针。

三、神奇的纳米材料

们在探索中发现，当材料粒子达到纳米级也就是 1 ～ 100 纳米时，它的光、电、热、磁等性能会产生神奇的变化。

纳米"变身术"

瓷杯是很容易摔破的。可是，如果你把一只用纳米粉制成的瓷杯，对着凹凸不平的石子地面摔下去，杯子会凹下一个瘪坑而不碎。

纳米铜的强度比普通铜高 5 倍，在室温下冷轧可从 1 厘米左右延展到 1 米，厚度也从 1 毫米变成 10 微米，超塑性形变延伸 100 倍而不断裂。而纳米多晶铁的强度比普通的铁高 12 倍。

俗话说真金不怕火烧。其实，比金熔点高的金属还有很多。但是很多金属当颗粒（晶体尺寸）小到纳米级时熔点就会下降。块状的金熔点为1064℃；当粒度为2纳米时，熔点下降至327℃。于是，真金变得怕火烧了。

氧化铝、氧化锆都是优质的耐火材料，烧制时温度较高，消耗很多的能量，如果加入一点纳米粉，可以节省大量能源。

石墨碳棒

石墨碳本来是导电体，可是1983年美国物理学家和化学家霍夫曼用两根碳棒做电极合成了纳米级的碳-60，它却变成绝缘体了。

鸽子、蝴蝶、蜜蜂等生物中存在超微磁性粒子，这是大小为20纳米的磁性氧化物，这种小尺寸超微粒子的磁性比大块材料强1000倍。利用超微粒子的这一特性，已做成高储存密度的磁记录粉，用于磁带、磁盘、磁卡和磁性钥匙等。但当它的尺寸进一步减小到6纳米时，磁性又会突然变小了。

"变身术"的由来

为什么材料粒子达到纳米级时，性能会产生突变呢？这只能由纳米粒子的奇特效应来解释。

表面效应

纳米粒子的表面效应，是指材料粒子直径减小到纳米级时，粒子的表面原子数和比表面积、表面能都会迅速地大幅增加，从而引起材料性能的变化。原来惰性十足的白金变活跃了的原因也就在此。

例如当颗粒直径为0.1微米时，处在表面的原子只占2%，98%的原子"挤在"颗粒内部；当颗粒直径为 5 纳米时，表面的原子就占 40%；当颗粒直径为 5 纳米时，原子就全部"暴露"到了表面。这种大幅增加的表面原子，会变得和内部的原子不一样。它的周围缺少相邻的原子，有许多悬空键，具有不饱和性质，容易与其他原子相结合，因此具有很大的化学活性，以致白金也会变黑，生成多种化合物。

在纳米世界中，因为物体很小，重量变得微不足道，电荷趋向物体的表面，与表面相关的表面张力等静力的作用显得极为重要。

小尺寸效应

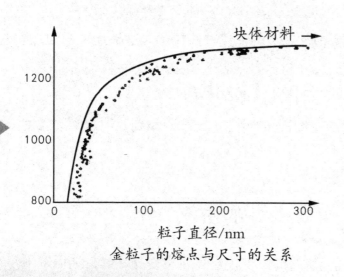

金粒子的熔点与尺寸的关系

随着超微颗粒尺寸不断减小，在一定条件下，会引起物理、化学性质上的变化，这就叫做小尺寸效应。一个著名的例子是金粒子的熔点与尺寸的关系。如图所示，金粒子由 300 纳米小到 30 纳米，熔点由 1300℃降到 800℃；当金的粒子进一步降低到 2 纳米时，熔点降低到 327℃，用炒菜的铁锅做容器也可将它熔化。

量子能级效应

原子由原子核和围绕原子核运动的电子组成，电子又小又轻，围绕着核随机地运动，我们不可能预测电子所经过的路径，只能知道电子出现在某处的几率。右图中阴影部分是由旋转的电子留下的，阴影最深的地方是电子去得最多的地方。

电子所具有的能量是一份一份的，不连续的。一定的能量对应一个能级。当无数的原子构成固体时，单独原子的能级就合并成能带。由于电子数目很多，能带中能级的间距很小，因此可以看作是连续的。就像一张像素很高的照片，只要把它放大，你就会看到它其实是由无数分立的点构成的。

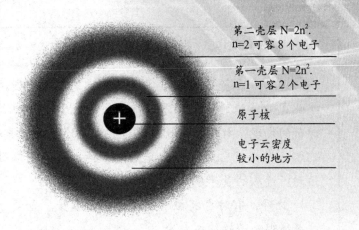

第二壳层 $N=2n^2$，n=2 可容 8 个电子

第一壳层 $N=2n^2$，n=1 可容 2 个电子

原子核

电子云密度较小的地方

然而，当固体的尺寸下降到纳米级时，能级间的间距会随颗粒尺寸减小而增大，从准连续能级变为离散能级，从而会导致纳米微粒的光、电、磁、热、声及超导电性与宏观时有显著不同，这就是量子能级效应。经典物理中描述导体两端电压、电流、电阻相互关系的欧姆定律也变得失灵了（欧姆定律指出，通过电路中的电流与电路两端电压成正比，与电路中的电阻成反比）。例如纳米银（Ag）微粒小到 20 纳米时，就会出现量子能级效应，由导体变为绝缘体。

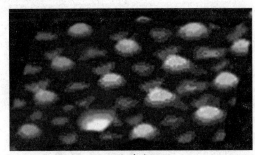

欧姆定律失灵了

量子隧道效应

"崂山道士穿墙而过"只是神话。而在微观世界中，"穿墙而过"是可以实现的。因为微观粒子具有波动性。它能从一个势阱（波谷），穿

什么是量子

1900 年，德国物理学家普朗克首先发现，微观世界物体能量的变化是非连续的；这种不连续的最小能量单位便是能量子。这个划时代的发现，打破了一切自然过程都是连续的经典理论，第一次向人们揭示了微观自然过程的非连续本性，或量子本性。探索微观粒子运动所遵从的量子规律的初步理论叫量子论。

此外，有时也将微观粒子统称为量子。如量子能级效应，指的就是微观粒子的能级效应。

过势垒（电势能较高的区域，就像一座高山阻挡着），到达另一个势阱。量子穿越势垒的行为，好比穿过山中的隧道，所以叫做量子隧道效应。例如半导体集成电路进一步微型化时就必须考虑量子隧道效应；因为当电路的尺寸接近电子波长时，电子会通过隧道效应而溢出器件，使器件无法正常工作。目前研制的量子共振隧穿晶体管就是利用量子隧道效应制成的新一代器件。

进入纳米世界，一切都变得非常神奇。然而，目前我们只了解它变身术的一部分，也仅用我们已掌握的微观世界的规律，对以上奇特效应加以解释。显然这还远远不够。因为纳米世界有其独特的游戏规则，更多的新的现象有待发现，新的规则有待进一步认识，新的理论有待进一步建立。

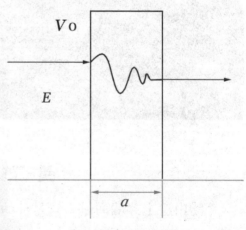

量子力学中的隧道效应

古代的"纳米工艺师"

　　纳米材料如此神奇，那么人们是如何制作纳米材料的呢？是不是所有的纳米材料都需用高新科技才能制成？其实，各种纳米材料的制作，技术要求高低悬殊是很大的。譬如说，用一块玻璃片在点燃的蜡烛上面来回晃动，玻璃片上就有了一层烟，这也是简单的纳米技术产品，虽然看不到粒子但发现玻璃片变暗了，你可以用它来观看日食。

　　考古学家观察到，我国几千年前留下的古铜器表面至今完好无损。这是由于它表面的防锈层涂有纳米氧化锡颗粒构成的一层薄膜，此工艺使千年古铜器始终光亮如新。中世纪有些教堂里玻璃窗户之所以五彩缤纷，是由于玻璃上涂有按尺度不同而呈现出黄、红、紫、黛绿等不同颜色的纳米金粉。中世纪窑炉前的工艺师其实是"纳米工艺师"。当然，那时人们并不知道什么是纳米材料、纳米技术。

中世纪教堂的彩色玻璃

二千多年前的古铜器

制造纳米材料

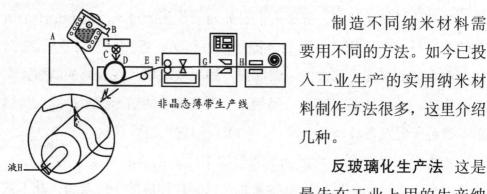

非晶态薄带生产线

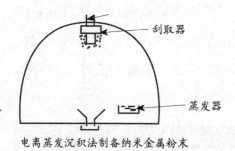

电离蒸发沉积法制备纳米金属粉末

制造不同纳米材料需要用不同的方法。如今已投入工业生产的实用纳米材料制作方法很多，这里介绍几种。

反玻璃化生产法 这是最先在工业上用的生产纳米金属材料的方法。就是将炼好的熔融金属液体，浇铸到内通强冷却剂的高速旋转的铜辊面上，让冷却速度增加到 1 000 000℃／秒，得到金属玻璃体（非晶态）；再对此金属玻璃体进行反玻璃化处理，即加热使金属重新结晶，控制处理的温度和时间，便可以得到晶粒为 10～20 纳米的晶体。我国用合金非晶态薄带生产线制成纳米级晶体，做开关电源和漏电保护器的铁芯，至少已有 15 年。

电离蒸发沉积法 把要制作纳米粉末的物质蒸发，然后在蒸发皿的上部设一冷却点，蒸发粒子聚集在冷却点上，刮下来即可得到纳米粉末。

如果将工件（例如刀具）放

在上述真空罐内，让高压电离化后的金属离子直接覆盖在工件表面，可提高刀具的耐磨性能。

球磨法　这是一种制造纳米粉末的方法。如制造碳酸钙粉，先将石灰石磨成粉，放入肥皂液中搅动，粗的沉入底部，足够细的被肥皂泡的表面吸附，而后集取肥皂泡，挥发掉肥皂剂（例如通过加热），剩下的便是纳米级粉末。

力致法　力致法就是使用压力、扭力、拉力等，使晶粒变小，小到纳米级。力致法加工的方法有多种，有剧烈扭转法、多次挤压法、反复锻造法和超声喷丸法等。

工业生产中制造纳米材料方法还有凝聚法、高能加工法、水热合成法、溶胶凝胶法、微乳液法、模板法、辐射合成法、爆炸法等，而且各种方法还在不断发展。

那么，是不是所有的材料在粒子细小到纳米级时性能便表现良好呢？不是的。专家在返回卫星烧蚀材料粒度的研究中证实，该材料粒度小到纳米级时性能不好。同时，由于将钢铁的晶粒度变细花费很大，在生产中，钢铁的晶粒细度能得到够用的性能就可以了。例如日本制造了一种碳素钢板，它的晶粒约1000纳米，但强度已达到美国潜艇钢的1.5倍，用20毫米厚的这种碳素钢板加上普通的焊接技术便可以制造潜艇了。

纳米实验室之路

以上介绍的在工业生产中制造纳米材料的各种方法都是"由大到小"的方法。纳米材料研制的最终目的，是直接通过精确地操纵和排布原子、分子，制造出具有特定功能的新材料。采取这种"由小到大"的方法还有相当长的路要走。

科学家在实验室里借助扫描隧道显微镜（STM）、原子力显微镜

(ATM)、磁力显微镜（MFM）能搬动原子，但这是很麻烦的。因为有的原子，例如碳原子喜欢粘在一起，就像橡皮糖粘在手上，你要拿掉它简单吗？特别是我们想要制造大块物质材料，就更不容易了。

曾因纳米科学方面的贡献获得诺贝尔化学奖的美国赖斯大学教授理查德·斯莫利说：如将一个原子放大成一个汤圆那样大，则作一茶匙水，就如同太平洋大小（其原子的数量是 6×10^{23} 个）。用一个一个原子去制造少量样品材料，就好比是用一茶匙一茶匙的水去建造浩瀚的海洋！即使让纳米机器以每秒 100 万个原子的速度搬动原子，构建一点点有用的材料仍将花去 6×10^{17} 秒，相当于 1900 万年！

看来，利用扫描探针表面组装技术，排列表面原子和分子，能制造神奇的纳米尺度的雕刻，却不能满足批量生产的需要；但这种方法为科学家提供了一个纳米实验室。目前，世界上许多实验室仍在研究如何自由地操纵原子和分子问题，这对进一步探究如何将一个个原子重新组合成新的物质来说非常重要。

如今，中外科学家在实验室中利用纳米科学的理论，借助于传统的材料生产方法，研制了多种纳米技术：纳米合成技术、分子自组装技术、纳米刻蚀技术包括平版印刷技术、微印刷刻蚀技术、E- 射线刻蚀技术、蘸水笔式纳米刻蚀技术等，成功地制作了很多纳米产品，如纳米晶体、富勒烯等。

纳米晶体 纳米晶体是一种由几百到上万个原子结合而成的晶体。典型的纳米晶体的直径在 10 纳米左右，它们比一般的分子大，但比块状固体要小，研究人员通过精确控制纳米晶体的尺寸和表面形状，能改变它们的性质。在过去的十几年中，已制造出粉末状的半导体纳米晶体，制备了以镉、硒为核，亚硫酸镉为壳的不同体积的球形纳米晶体，这一技术打开了许多潜在应用的大门。

富勒烯 富勒烯是一类新型的纳米材料。它是碳的同素异形体之一，是一系列含有多个碳原子的笼状原子簇的总称；其中含 60 个碳原子的碳 -60 结构由 12 个五边形、20 个六边形组成的中空 32 面体，形象酷似足球，故被称为足球烯或巴基球。

利用煤直接电弧放电可合成富勒烯，研究发现煤中挥发组分的含量决定了燃烧后产生富勒烯的尺寸。除传统的富勒烯（从碳 -60 直到碳 -100）

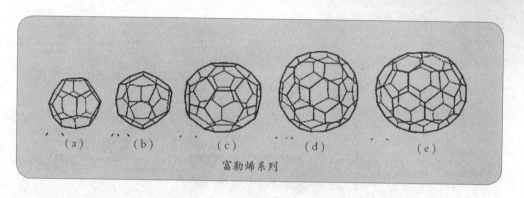

(a)　　(b)　　(c)　　(d)　　(e)

富勒烯系列

外，高挥发组分的煤还产生尺寸大至几十纳米的巨形富勒烯。富勒烯及其衍生物具有超导、半导体、强磁性等优异的性能，在光、电、磁等领域有潜在的应用前景。

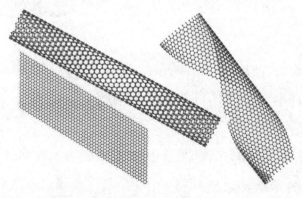

碳纳米管　纳米管是由原子构成的直径为纳米尺度的中空管状结构。很多种的原子或分子都可形成纳米管，碳纳米管是纳米管中最常见的一种。它是使用一种特殊的化学气相方法，使碳原子形成长链来"生长"出的"超细管子"，细到 5 万根并排起来才相当一根头发丝的直径。碳纳米管有着不可思议的强度与韧性，重量却极轻，导电性极强，兼有金属和半导体的性能；把纳米管组合起来，比同体积的钢强度高 100 倍，重量却只有 1/6。

纳米线 1998年，哈佛大学化学家莱比 Liebet 研究组利用激光烧蚀法与晶体生长的气—液—固（VLS）机制相结合，制备了第Ⅳ族半导体单质如硅、锗的单晶线。它不仅是电荷的最小载体及研究小尺度世界科学规律的理想研究对象，也是构造复杂纳米结构与纳米器件的理想基元。现在包括中国科学家在内，全世界很多实验室都能制备各种材料的纳米线，有些纳米线已批量生产。

纳米带 2001年，美国佐治亚理工学院的王中林教授小组利用高温固体气相法，成功获得了氧化锌、氧化锡、氧化铟、氧化镉和氧化镓等宽带半导体体系的纳米带状结构。带宽为30～300纳米，厚5～10纳米，而长度可达几毫米。

氧化锑纳米线　　　氧化锑纳米带　　　四氧化三铁纳米线

纳米环模型

与碳纳米管以及硅和半导体纳米线相比，"纳米带"是迄今发现唯一的结构可控且无缺陷的宽带半导体准一维带状结构。

纳米环 2004年初，王中林教授小组又发现了一种新型纳米结构。成功得到了由单个纳米带螺线圈式自环绕而自发形成的单晶环，其直径为1～5微米、厚度为15纳米、高度为0.3～2微米。

纳米树枝 2004年科学家制造出"纳米树枝"，

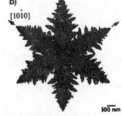

纳米树枝

使得在纳米尺度上建造更复杂的结构成为可能。

大显身手

　　纳米技术的运用，使外墙涂料的耐洗刷性由原来的 1000 多次提高到了 1 万多次，老化时间也延长了两倍多。

　　采用纳米技术，使住房装修中用的涂料在干燥成膜过程中，于涂层表面形成类似荷叶的凹凸形貌，构筑一层疏水层。这样就像让住房穿上了天蓝色的"纳米衣"，这件"新衣"不易污染，即使不小心蹭上只小脚印，用水一洗就干净。墙壁能至少10 年保持光洁如新。

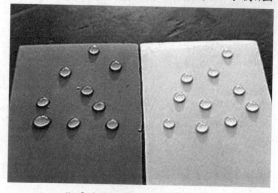

优质疏水性纳米涂料使用效果

知识链接

分子自组装技术

　　分子总会寻求对于它们能量为最低的状态。例如你抖动指南针，会使指南针来回抖动，在任一瞬间可以指向任何方向，但是一旦你停止抖动，指南针最终自取南北方向，使其与地磁场之间的能量为最小。自组装技术基于这样的理念，使分子或部件如同指南针指针一样，自然地以我们想要的方式将自己组装起来。这样纳米材料的制作就省力多了。

自组装蘑菇状分子模型

添加到涂料中的纳米粒子具有极强的化学活性，能与多种有机物发生氧化反应，能分解有机废水及空气中的有害物质，从而杀死大多数病菌和病毒。

将纳米粉体颜料混合用于涂料中，从不同角度观察其涂层，可由反射光中看到不同的颜色。用纳米技术研制成的"自净玻璃"会自动"洗脸"、"美容"，保持明净。未来，我们的建筑和汽车等配上"自净玻璃"，穿上"纳米衣"，它们就根本不会染上灰尘。

纳米复合陶瓷与普通陶瓷材料相比，除了明显改善表面光洁度、材料的断裂强度和韧性外，适应温度可提高 400℃～600℃。

利用纳米技术制成的纳米多功能塑料具有抗老化、抗紫外线、抗菌、除臭、防腐等功能，并且强度高、耐热性好、密度低、透明度好、耐磨。纳米塑料在各种高性能管材、汽车及机械零件、电子及电器部件等领域的应用十分看好，也适用于啤酒罐装、肉类和奶酪制品包装材料。

纳米纺织品

人工蜘蛛丝 从蜘蛛身上抽取蜘蛛丝基因，植入山羊体内，使山羊的奶中含有蜘蛛丝蛋白，然后经过特殊的工序，把蜘蛛丝蛋白纺成人工基因蜘蛛丝。蜘蛛丝具有非常好的力学性能，作为优异的能量吸收材料可用于防弹衣、降落伞、耐磨服装、手术缝合线和航空母舰拦截飞机的绳网。

超细纤维 将不溶于水的聚酯分散于水溶性聚酯中，在纤维截面中被分散的物质呈"岛"状，而母体则相当于"海"，最终采用溶剂把"海"组分溶解掉，剩下的就是纳米纤维。纳米纤维以化纤为原料，但是其吸水性、吸湿性甚至超过棉纤维。它不仅能吸收气味，还具有较强的黏合性，可用于高级时装、运动服的仿真丝、仿麂皮织物。纳米纤维制成的高密织物拒水且透气。

纳米羊绒衫　无论水滴还是小粒动植物油，基本无法与织物表面接触。而且这种纳米自清洁技术不会损害羊绒本身的柔软、滑爽、透气性能，只拒绝液体，不会阻隔空气，丝毫不影响织物的纹理结构和透气以及对皮肤的亲和性。可以说，纳米颗粒自清洁技术给了娇贵羊绒更全面、更细致的呵护。

有人把纳米称为工业"调味品"。纳米微粒撒入传统材料中，会像"调味品"一样具有调节作用，使老产品焕发出令人叫绝的新面貌。

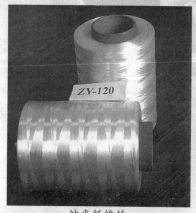

纳米纤维丝

天然的蚕丝具有纳米微结构

知识链接

我国开发的纳米纺织品

纳米面料　我国是首次在纺织领域内利用纳米技术生产面料的国家。这种新型面料外观上虽与普通面料无根本差别，但在提高原料每厘米粒子数量后，提高了防水、防油污的功能，同时具有杀菌、防辐射、防霉等特殊效果。

纳米领带　将一盘水倒在纳米领带上，领带完好如初，只有几颗水珠在上面滚动。如果倒上酱油之后，拿起一抖，就只剩下一些细小的黑色水珠沾在上面，用布轻轻擦一下，就被擦去了。

纳米国旗　北京京工红旗厂曾向天安门管理处赠送了两面采用纳米技术制成的国旗。整盆水往旗面上倒，就像水倒在荷叶上一样，可以不留一颗水珠。其制作方法是以质点极细的雾喷在织物上。雾的成分就是疏水、疏油的纳米材料。

太阳光对人体有伤害的紫外线主要在300~400纳米波段；三氧化二铝纳米粉体和纳米云母微粒都有吸这个波段紫外线的特性。将少量这类"调味品"加入到纤维或整理剂中，就可以使服装有效吸收紫外线，保护人体不受伤害。

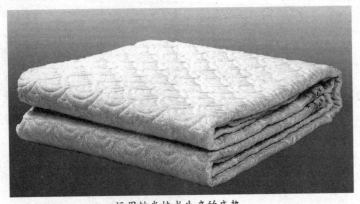

运用纳米技术生产的床垫

同样道理，如果在纺织品中加入纳米氧化锌等微粒就可以防静电；加入纳米二氧化钛等微粒就可以抗菌、消臭；加入纳米氧化铁等微粒就可以屏蔽电磁波辐射；加入纳米氧化铝等微粒就可以对人体产生远红外保健作用。

所谓纳米洗衣机、纳米冰箱、纳米空调器、纳米洁具的除味、杀菌功能同样也是添加了这种"工业调味品"而产生的。纳米洗衣机的"外桶"，能有效抑制细菌滋生，随时清洁"外桶"，长时间使用，也可保持"净水"的洗涤状态。

纳米"天梯"

20世纪70年代，英国著名科幻作家克拉克在他的科幻小说《天堂的喷泉》中大胆提出造一部长达100 000千米的"太空天梯"。当时，许多人都嘲笑他是痴人说梦话。但是到了2002年9月在美国召开的一次科学工作会议上，许多科学家提出，人类完全有可能乘坐"天梯"上九霄。这个革命性工程最近有了突破性进展，并有俄、美两种建造方案。

俄罗斯天梯　欧洲空间局委托俄罗斯建造一部可以把太空物资直接

从"国际空间站"运回地球的太空电梯。具体方案是：装有货物的太空舱从"国际空间站"通过一根300千米长的缆绳送回地球。虽然缆绳很长，但其重量不会超过6千克，是用特别材料制成的。进入大气层后，缆绳会燃烧掉。之后，货物依靠自带的气球继续落向地球。

美国天梯 未来50年，美国人有可能建造出太空电梯。它的核心部分是一条距离地球的表面将

太空天梯概念图

近100 000千米长的缆绳。其靠近地球的一端将被固定在可能位于太平洋中部某个地方的基站，而另一端将连接到一个在太空中绕地球轨道运行的物体上以充当平衡锤，它本身所具备的离心力将能够使缆绳绷紧，从而使飞行器等运载工具能够上下穿梭。

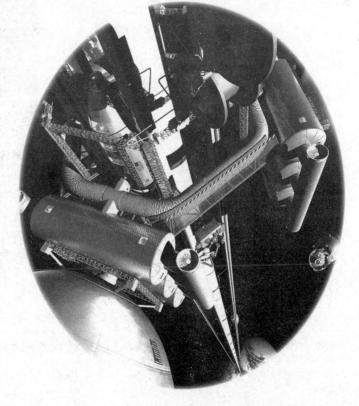

构建"天梯"

那么，"天梯"是如何构建的呢？

首先在大洋中建造一个漂浮的平台，这个平台要位于一个暴风雨、闪电和巨浪较少的海域。太空电梯必须要设置避雷装置，否则"天梯"将被斩断。平台还要远离飞机的航线和卫星的轨道。一条从地面升起的太空缆绳长达 100 000 千米，充当电梯上上下下的轨道。它的另一端将连接位于外太空的卫星上，以达成平衡。

太空电梯重达 20 吨，整个外形很像一个圆球下面系一根很长的缆绳。电梯将履带轨道固定在缆索的两端，并且依靠从地面发射的激光转换成的电能作为动力加以推动。太空电梯将建造成为管状形的通道。人造卫星、载人飞船或其他航天器可以乘坐电梯，沿管道升降。

太空电梯缆绳的架设

由于太空电梯缆绳承受地心引力和离心力的双重拉扯，因此需要用相当强韧的材料制成。建造太空缆绳必须找到又强又轻的缆线，像钻石一样强韧但又有很强弹性的纳米碳管正是最理想的材质。

科学家初步设想：支撑这座"太空电梯"的缆绳是一束由 1 千兆条

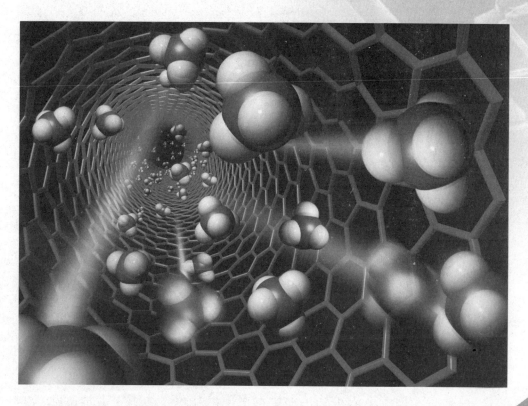

长达 100 000 千米的纳米碳管制成，每条纳米碳管含有 7.2×10^{17} 个碳原子。从理论上讲，1 米宽、如纸般薄的纳米管织物便足以负载太空"电梯"了。因为碳纳米管密度是钢的 1/6，而强度却是钢的 100 倍。一根像缝衣针粗细的碳纳米管就能承受一辆汽车的重力。

科学家认为用碳纳米管制成缆绳可以从近地卫星（甚至月球）悬挂到地面，不会因自重而断裂。

"飞檐走壁"的秘密

壁虎，别看它长得丑，却有飞檐走壁的绝技。它在墙壁上、屋檐下，都能爬行捕食蚊蝇。为什么壁虎能飞檐走壁呢？

科学家经研究发现，原来它看似光滑"软垫"的每一个足趾上，具

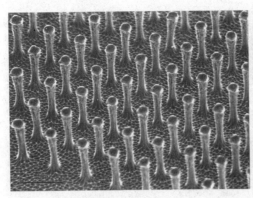
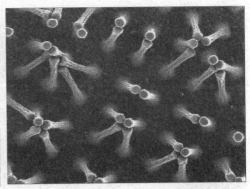

有上兆根头部像铲子一样的刚毛，能轻易抓住物体表面突出的地方。通过电子显微镜观测可以发现，壁虎的脚趾上生有数以万计的细小刚毛。每根刚毛上竟然有多达 1000 根更细的分支毛。每根分支毛的直径与毛间隔都是几百纳米的结构，在与物体表面接触时，绒毛的末梢可以弯曲变形，与物体表面充分贴合，这样就使壁虎与墙壁或玻璃分子间距非常近，从而产生分子引力（范德瓦尔斯力）。

虽然每一根刚毛产生的力微不足道，但几亿个着力点就很可观。据计算，壁虎一个足趾就足以支撑全部身体。如用一只大壁虎的 4 只脚就可以支撑 125 千克以上的重量。

人们采用了各种方法来仿造壁虎的刚毛。方法之一是在电子显微镜下用纳米级的探针来制作。先在蜡质模具上刻出所需要形状的缺口槽，然后注入液态的聚合物。聚合物凝固后，就形成了人

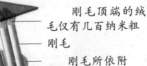

人造聚合体刚毛与玻璃表面在引力作用下快速黏合

刚毛顶端的绒毛仅有几百纳米粗

刚毛

刚毛所依附的聚合体基层

玻璃

人造壁虎刚毛示意图

造聚合体刚毛。两根人造"刚毛"碰到一起时产生的黏合力尽管很小，不过千千万万个力累加起来，力量就很大了。

目前，科学家正致力于发明雨天不再打滑的汽车轮胎，并想开发一种应用于空间探测的攀爬型机器人。他们希望这种机器人无论在什么恶劣的条件下都可以在任何表面上爬行。它们可以在太空飞行器的外表面行走，给飞行器进行"体检"，检查机翼上有没有破损等。

知识链接

什么是范德瓦尔斯力

范德瓦尔斯力，是中性分子彼此距离非常近时，产生的一种瞬态微弱电磁力。根据荷兰物理学家约翰尼斯·迪德里克·范·德·瓦尔斯命名。分子的大小和范德瓦尔斯力的大小成正比。

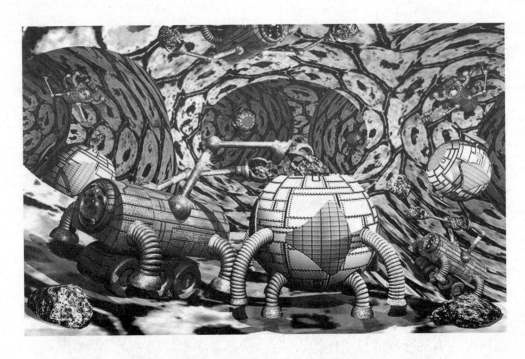

四、神通广大的纳米机器人

读过《西游记》的同学都不会忘记神通广大的孙悟空钻进铁扇公主肚子里的故事。孙悟空保护唐僧去西天取经，路过火焰山，行程受阻，想借铁扇公主的扇子扇灭火焰山的烈火。不料铁扇公主不肯借，大打起来。孙悟空无奈变成一只小虫钻进铁扇公主的肚子里，大闹五脏六腑，迫使铁扇公主就范。如今随着纳米技术的发展，纳米器件、纳米机器、纳米机器人、纳米武器等的问世，这个神话正成为现实。

纳米电子蝴蝶

形形色色的纳米器件

随着纳米技术日新月异的发展，形形色色的纳米器件已经诞生。

纳米镊子

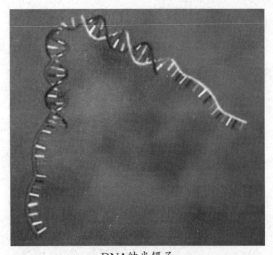

DNA纳米镊子

美国哈佛大学科学家研制出一种新型的纳米工具，它能够成功地夹住了一个直径仅500纳米的聚苯乙烯原子团，人们称它为纳米镊子。这种微型镊子可用来拨弄生物细胞，制造纳米机械，进行纳米级的显微外科手术等。

纳米镊子用电操作，它实际上是一对电极，这对电极的前端是纳米级粗细的碳管，使用它时，在两根电极上加一个电压，使一根纳米管臂带正电，另一根带负电。通过改变所加电压的大小，增加或减少镊子之间的吸力，来完成挟持原子或原子团的任务。美国朗讯科技公司和英国牛津大学的科学家还用DNA（脱氧核糖核酸）制造出了一种纳米级的镊子，利用DNA基本元件碱基的配对机制，可以控制这种镊子反复开合。

纳米电缆

超高密度集成电路的元件之间用什么连接呢？我国科学家成功制出了直径只有头发丝1/5000的纳米级同轴电

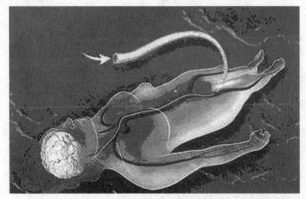

穿行在血管中的纳米电缆可直达大脑中的神经元

缆，为解决这一世界性的难题提供了有效途径。同轴纳米电缆的内芯是直径仅为 10 纳米左右的碳化钽，外层包有 SiO_2 绝缘体。

这种纳米电缆还可作为微型工具和微型机器人的部件。一个由美国和日本科学家组成的研究小组把只有人头发丝 1/100 的铂金属纳米电缆植入人体血管中，希望有一天使用这些纳米电缆帮助医生治疗人类某些神经性疾病，比如帕金森综合征。

分子开关

IBM 公司的研究人员利用萘酞菁有机分子内的两个氢原子，将单独一个分子打开和关闭。这种分子开关的出现，使超级计算机和超小芯片的诞生成为可能。芯片可能只有灰尘那么大，或可以放到针尖上。

如图所示为分子开关的工作过程，两个氢原子位于分子中央的一个空洞内。当电压脉冲注入时，两个氢原子变换位置，如左图所示。开关不会改变任何中心空洞外部的分子结构。

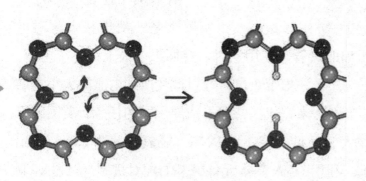

图示为分子开关的工作过程

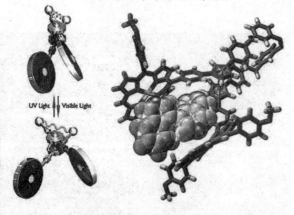

UV Light   Visible Light

右边是电脑绘图，左边为艺术家的想象图

分子剪刀

日本科学家制造出了目前世界上最小的剪刀，这种剪刀只有 3 纳米长，只有紫光波长的 1%。一开一合都由光来控制。这把分子剪刀能像钳子一样牢牢夹住分子，并进行操作，比如前后拉动或转动，可用于帮助操纵身体内的基因、蛋白质和分子等。

这项成果是用分子器械借助光对其他分子进行操作的第一个实例，向未来发展分子机器人迈出了重要一步。

多姿多彩的纳米机器

在我们传统的思维中，称得上机器的东西，一定是很大的，开起来有声音，转起来威风凛凛。而纳米机器则恰恰相反，它小得很，可以说在人们不经意间已在启动，而它的威力却非常大。纳米机器的问世必然会引发一场新的机器革命。

纳米直升机

美国康纳尔大学的科学家研制出了一种可以进入人体细胞的纳米机电设备——"纳米直升机"。它由金属与生物组件组成，大小与病毒粒子差不多，可以在人体细胞内完成包括发放药物在内的各种医疗任务。

更令人称奇的是，这种设备的原动力竟然来自人体自身的一种化学物质 ATP。以 ATP 作为"燃料"，这种

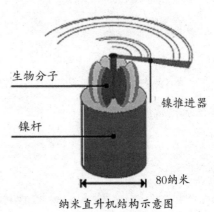

生物分子

镍推进器

镍杆

80纳米

纳米直升机结构示意图

发动机可以连续运转 2.5 小时。纳米直升机共包括三个组件，即金属推进器、推进器轴和两个附于推进器轴的生物组件。这三个组件在组装时非常简单便捷。其中的生物组件可以将人体的生物"燃料"ATP 转化为机械能量，使得金属推进器的运转速率达到每秒 8 圈。

纳米直升机的研制成功为我们打开了一扇通往全新技术的大门。可以对各种微型设备进行自由组装，而且利用人体自身的生物动力为该设备提供能量，并进行维修和保养。

纳米汽车

纳米汽车

美国赖斯大学的科学家利用纳米技术制造出了世界上最小的汽车。它和真正的汽车一样，拥有能够转动的轮子。只是它们的体积是如此之小，甚至即使有 20 000 辆纳米汽车并排行驶在一根头发上也不会发生交通拥堵。

纳米马达

美国科学家使用纳米机电系统技术，试制成功了纳米马达。它是用多层碳纳米管作为转子的纳米马达，并证实可正常工作。如将这种纳米马达和生物体内的生物马达相比较，生物马达只能在活体环境中工作，而且当温度升高到 50℃时就会停止工作。而从理论上来讲，纳米马达可以在超低温至数百度的高温等很大

纳米马达

的温度范围内工作，还可以在真空中以及液体中使用。可见，它的应用前景很广阔。

纳米光刻机

美国西北大学的科学家研制出了纳米光刻机。其刻笔笔尖可以"浸"入有机分子池中，刻画出 15 纳米线宽的图形，从而生产出比传统的光刻法小几个数量级的微电路。这项发明被认为是纳米技术研究的重大突破。这种光刻机最终将可刻画出 1 纳米线宽的图形，相当于 DNA 双螺旋链直径的一半。更重要的是，它能成功地用于化学和生物实验中，如利用它能快速测试化学反应，鉴别各种病毒，指导人们设计合成新药。

纳米火车

科学家制造了世界上最小的火车——纳米火车。它以神经细胞中的微管片断为车厢，以牛脑中的驱动蛋白为牵引机车。从而向着实现纳米级自组装工厂这一目标迈出了有意义的一步。这些微小的"装配者"将制造出包括汽车计算机在内的各种东西，驱动蛋白成了理想发动机。

纳米潜艇

如果我们能制造一艘纳米潜艇，它能工作吗？

一艘正常尺度的潜艇能够水中自如地行驶。潜艇是由螺旋桨推进器推动的，旋转的螺旋桨把水推向后方从而使潜艇前进。

会游泳的细菌使用鞭毛结构，鞭毛看起来就像柔软的螺旋或者鞭子，但是能够起到类似于螺旋桨的功能。

在一定程度上，纳米潜艇必须向它们"学习"，才能开动起来。水分子比纳米潜艇小，但是不会小得很多，并且在纳米尺度上它们的热运

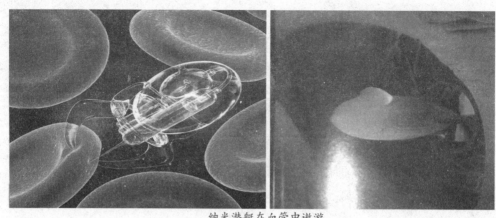

纳米潜艇在血管中遨游

动是十分迅速的。碰撞会使一个纳米尺度的物体迅速地反弹，这个过程被称作"布朗运动"。但是这种运动的方向是随机的：任何控制运动方向的企图将会被迅速运动的水分子无情的碰撞所粉碎。

纳米尺度的"航海家"需要适应布朗运动的风暴，这风暴可能撞毁他的船体。对于大约 100 纳米的船，大多数航行都要听天由命，因为小船几乎无法掌舵。

血流中的细胞（质量比纳米潜艇大 10 ～ 100 倍）不能控制自己的方向：它们仅仅是在血流中翻跟头。一艘纳米潜艇最多有希望选择一条大致的方向前进，但它不会有很确定的方向。不管人们是否可以制造或者控制纳米器件，它们都不适于探测疾病这种复杂的工作。

科学家用纳米潜艇来探测和消灭体内患病细胞（如癌细胞），其基本的策略应该着眼于寻找"猎物"。为了这个目的，纳米潜艇可能必须向我们体内的免疫细胞"学习"。

纳米激光器

纳米阵列激光器是 21 世纪超微型激光器的重要发展方向。它进一步增强了激光强度、降低产生激光的门电流密度和提高了热稳定性。20

世纪 90 年代以来，德国首先研制成功量子点阵列激光器，随后，美、日、加拿大等国也相继制成。这种激光器，不需要平板印刷，不需通过蚀刻，代替了价值昂贵的分子束外延生长技术，大大降低了激光器的成本。

纳米线紫外激光器

纳米发电机

美国佐治亚理工学院教授王中林等成功地在纳米尺度范围内将机械能转换成电能，研制出世界上最小的发电机——纳米发电机。这一成果发表在《科学》杂志上。纳米发电机在生物医学、军事、无线通信和无线传感方面都将有广泛的重要应用。

量子计算机

美国许多科学家联合研制出了目前世界上最先进的量子计算机。据说，它仅使用了 5 个原子作为处理器和内存，并首次证明这类装置的运

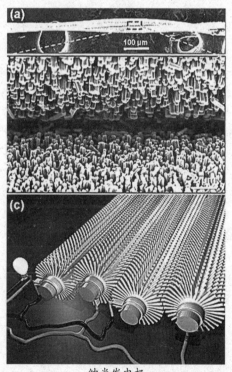

纳米发电机

算速度明显快于常规电子计算机（比现有超级计算机的运转速度快 100 兆倍）。例如，用它来确定一个函数的周期，只需一步就可解决任何一个例题，而常规电子计算机完成相同的工作却需要多次循环运算。量子计算机有望应用于非常广泛的领域。

以纳米电子技术为核心制造的纳米器件、纳米计算机，其特点是体积更小、响应度更高、功耗更低，也就是"更小更快更冷"。纳米电子技术有望成为目前以硅等为基础的微米级集成电路技术的"接班人"。

纳米机器人

人类在与各种自然现象和凶恶的敌人争斗中，一直想能制造一种力大无穷、灵巧无比的机器人帮助自己战胜困难、创造幸福。

知识链接

世界最轻微型飞行机器人

2006 年，精工爱普生公司制造出了世界最轻微型飞行机器人"精密模型－Ⅱ"。这部微型飞行机器人能进行无线遥控，也可独立飞行。

机器人还具有号称世界最轻、最小的陀螺仪感测器，重

量仅 8.6 克 (不含电池)，直径约 136 厘米，高 85 厘米。其影像感测器可捕捉并传输空照影像到地面的显示器上，两颗发光二极管 (LED) 灯泡可受控制发送信号。目前的续航时间约为 3 分钟。

微型机器人

一个比米粒还小的机器人只是微型机器人，虽然它能够在你体内漫游，但还不能称它为纳米机器人。

不久前，一组微型机器人专家报告说，他们发明了一种可以旋转的微型机器人。这种机器人像一个细小的螺杆，可以在你的血管里游动，将药物带到受感染的组织中，甚至可以钻入肿块中杀死病菌。

日本的一位科学家设计了一种可在血管中游动的微型机器人。它的长度为 8 毫米，直径不到 1 毫米。磁铁用钕—铁—硼合金做成。由于它的尺寸非常小，完全可以用普通的皮下注射的针头将它注入到血管中。

机器人进入血管后，人们借助三维磁场系统和控制器就可以让这个机器人向任何方向运动。在体内，这种微型机器人可以将药物运送到受

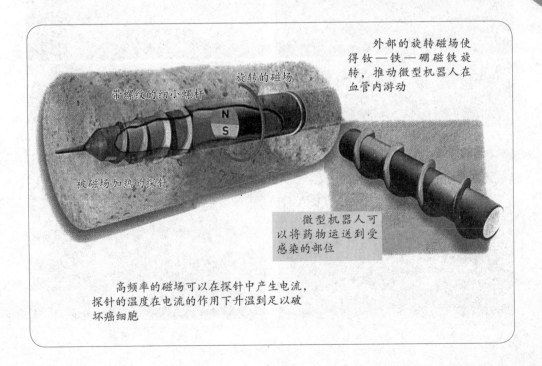

外部的旋转磁场使得钕—铁—硼磁铁旋转，推动微型机器人在血管内游动

旋转的磁场

带螺纹的细小螺杆

N
S

被磁场加热的探针

微型机器人可以将药物运送到受感染的部位

高频率的磁场可以在探针中产生电流，探针的温度在电流的作用下升温到足以破坏癌细胞

感染的部位。我们甚至可以给它配备一个金属探针，加热后的探针可以破坏癌细胞。

　　不过，有的科学家认为，这种机器人的长度还是显得太长了，如果某处血管的拐角比较大，就很难通过。微型机器人一旦被卡在血管中的某个地方，对人体来说将是灾难性的。在目前的手术中，这种机器人还无法取代导尿管等传统医疗器具。假如机器人的尺寸小到可以在最细的血管中通行，甚至大脑血管里游弋，这样的微型机器人将大有用途。

神通广大

　　纳米机器人是机器人家族中最微小的机器人，但也是机器人家族中本领最大的机器人。

捕捉害虫的纳米机器人

纳米爬虫探测器

纳米甲壳虫探测器

在工业上，纳米机器人可以按设置程序，成群结队地钻进飞机的发动机中进行精细的维修工作，或钻进核反应堆内清洗管道、修补裂缝，甚至长期驻守在里面进行定期检查维修。在船舶底部，纳米机器人可咀嚼和清除黏附在上面的苔藓和贝类。

在农业上，可利用纳米机器人捕捉害虫，使农作物获得丰收。纳米机器人还可以在田野上空监控农作物生长。当农作物需要灌溉时，它们便降落在阀门上，开启阀门，进行灌溉。

在家庭服务方面，纳米机器人可以打更放哨，发现"不速之客"或防止火灾发生，还可以在家庭的隐蔽角落清除尘埃，消灭蛀虫。

在航空航天方面，纳米机器人可到外星球去采集标本，为行星开路；可以检查航天飞机的各种机件是否运转正常，并为机罩除尘；还可以定期检查修理空间望远镜等。

在军事上，纳米机器人可代替卫兵和警犬进行巡逻，可以飞到敌军内部，用各种传感器收集情报等。

第二代纳米机器人是直接从原子或分子装配成具有特定功能的纳米尺度的分子装置。第三代纳米机器人将包含有纳米计算机，是一种可以进行人机对话

纳米眼镜蛇地面探测器

的装置。这种纳米机器人一旦问世，将改变人类的劳动和生活方式。

纳米生物机器人

在医学上，科学家已经研制出只有几个原子那么大的微型装置。涉

医疗纳米机器人

足纳米生物学的机器人是生物系统和机械系统的有机结合体，如酶和纳米齿轮的结合体。这种纳米机器人可注入人体血管内工作。

纽约大学一实验室制造出一个纳米级机器人，用两个DNA作手臂，能在固定的位置旋转。这一成果预示，科学家能在工厂里制造出只有分子般大小的纳米机器人。纳米机器人有明确的任务，它负有保护人体免受病原体入侵的使命，又可用以传输药物，清理脑血管中的血栓，清除心脏动脉脂肪积淀物，吞噬病毒，杀死癌细胞。它还能治疗皮肤病，清理口腔，监视体内的病变……最重要的是它能将诊断和治疗同时完成。它在医疗上的应用不胜枚举。

纳米机器人是纳米生物学中最具有诱惑力的内容。第一代纳米机器人是生物系统和机械系统的有机结合体。如图是人造机械红细胞，人体中红细胞的重要功能之一是向身体的各个部分输送氧分子，因为如果身

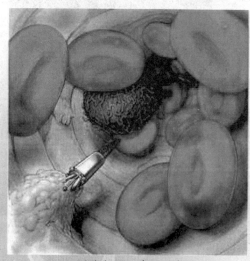
纳米机器人清理血管

纳米药物机器人

体的某些部分缺氧，那部分就会感到疲劳。画中的蓝色小球称为呼吸者，它们不仅具有比红细胞携带氧分子多数百倍的功能，而且本身装有纳米泵，可以根据需要将氧释放，同时将无用的二氧化碳带走。

纳米机器人能在血管中清理有害的堆积物。由于纳米机器人可以小到在人的血管中自由游动，对于像脑血栓、动脉硬化等病灶，它们可以非常容易地予以清理，而不用再进行危险的开颅、开胸手术。还可以用来进行人体器官的修复工作、做整容手术、从基因中除去有害的 DNA，或把正常的 DNA 安装在基因中，使机体正常运行。

战场上的小精灵

先进的科学技术往往都率先应用于军事领域，并对战争产生重大影响。纳米技术也不例外。

当纳米技术崭露头角时，军事科学家就开始尽情想象，接着研制出了许多千奇百怪、出神入化的战场"小精灵"。

"苍蝇"飞机 这是一种只有苍蝇般大小，可携带各种探测设备，具有信息处理、导航和通讯能力的纳米级飞行器。它们被秘密部署到敌方信息系统和武器系统的内部或附近，监视对方情况；能够从数百千米外，将获得的信息传回己方导弹发射基地，引导导弹攻击目标。这些"苍蝇"飞机可以悬停、低飞、高飞，敌方雷达发现不了它们。

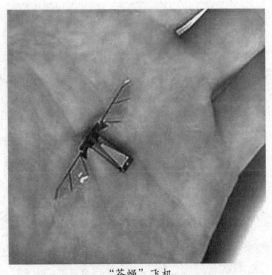

"苍蝇"飞机

"针尖"炸弹 这种纳米炸

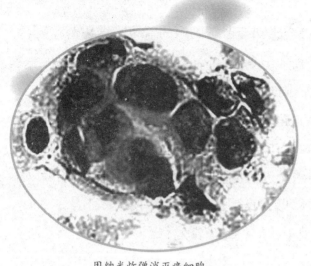
用纳米炸弹消灭癌细胞

弹不会"轰"的一声爆炸。它们是一些分子大小的小液滴，只有针尖的 1/5000 那么大，能够炸毁危害人类的各种微小"敌人"，其中包括含有致命生化武器炭疽的孢子。不仅军方对纳米炸弹十分感兴趣，在民用方面，它也有惊人的应用潜力。如只需调整炸弹中"炸药"的成分，就能杀灭流感病毒、癌细胞等。

"蚊子"导弹　形状如蚊子的纳米型导弹，直接受电波遥控，它们可以神不知鬼不觉地潜入目标内部，其威力足以炸毁敌方火炮、坦克、飞机、指挥部和弹药库。

"麻雀"卫星　一种比麻雀略大的卫星，其中部件全部用纳米材料制造，重量不足 10 千克，一枚小型火箭就可以发射数百颗。若在太阳同步轨道上等间隔地布置 648 颗功能不同的"麻雀"卫星，就可以保证在任何时刻对地球上任何一点进行连续监视。

"蚂蚁"士兵　一种通过声波控制的纳米型机器人，比蚂蚁还小，却具有惊人的破坏力。它们能够钻进敌方武器装备，长期潜伏下来；一旦启用，就会各显神通。有的破坏敌方电子设备；有的用特种炸药引爆目标；有的还施放各种化学制剂，使敌方金属变脆、油料凝结，或使敌方人员神经麻痹，失去战斗力。

"微型军团"　除了以上这些纳米武器、纳米装备外，还有被人称为"间谍草"、"沙粒探子"及"防化报警传感器"等纳米军事装备。"间谍草"实际上是一种分布式战场微型传感网络，外形看似小草，装有敏感的电子侦察器和感应器，可探测出坦克等装甲车辆行进时产生的震动和声音，再将情报传回指挥部。所有这些纳米武器连同纳米士兵组配起来，就建成了一支独具一格的微型军队。据美国国防部专家透露，美国第一批微型军队将在5年内服役。

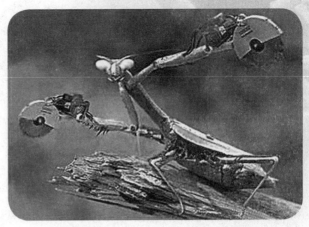

伪装成螳螂去切割电路的纳米机器人

与传统武器相比，纳米武器具有截然不同的特点：纳米武器实现了武器系统高智能化、微型化；使原来必须用车辆、飞机装运的电子战系统，只需少数士兵携带；它的隐蔽性更好、安全性更高；纳米武器使武器装备控制系统信息获取速度大大加快，侦察、监视精度大大提高；纳米武器使武器装备成本降低，可靠性提高。

纳米技术与未来战争

纳米技术改变了未来军事和战争形态，未来作战样式将发生根本改变。迄今为止的现代战争，都是飞机、坦克、军舰等大型武器装备主宰战场，也就是谁大谁就凶！然而，进入纳米信息时代后，传统的作战样式将会发生根本的变革，未来战场极可能将由数不清的各种纳米微型兵器担当主角，并决定战争胜负。

未来战争的突然爆发的可能性将急剧增大。纳米超微颗粒的几何尺寸远小于红外及雷达波波长，从而为兵器的隐身技术开辟了广阔前景，

天地侦察者　　　　　微型敢死队　　　　　智能"间谍虫"

纳米微型兵器

美国研制的超黑粉就是一例。可以说，透明的战场加上高超的隐身术，将使战争更具突然性。

　　未来战争物质代价将不再昂贵。现代战争消耗巨大，让人望而生畏。从第二次世界大战到现在，武器弹药价格少则上涨几十倍，多则竟达上千倍。短短42天的海湾战争就耗资高达600多亿美元。然而，进入纳米时代后，由于纳米武器装备所用资源少，成本极其低廉，令造价昂贵的庞然大物型舰艇、飞机、坦克、火炮等呈锐减之势，而纳米级战争将成为十足的低消耗战争。

　　由于纳米武器的运用，未来战场将更加透明。可以想象，从太空到地面，面对层层严密高效的纳米级侦察监视网，使人难以察觉，防不胜防，让技术相对落后的国家军队将有密难保，战场对强敌将彻底"透明"，

五、生命与纳米

纳米技术倡导者，被人称作"科学巫师"的德雷克斯勒，在运用纳米科技精心研究、设计了各种微型机器后，终于领悟了人类应该向"活细胞"学习。

纳米级的大工厂

生命体中的细胞活动就是具有纳米特性的活动。而细胞中贮藏的许多非常精巧、效率非常高的"纳米机器"，又对纳米科技的发展，对人类设计纳米产品具有重要的借鉴作用。

人是大自然中最完美、最精致的杰作，每个器官和组织都是由不同种类、不同功能的细胞组成。而这些细胞都是符合纳米世界游戏规则的产物。

生命体最小单元是细胞。现代生物研究表明，除病毒外，不管生命

德雷克斯勒的奇思怪想

"纳米技术"的概念首先是由美国的未来学家德雷克斯勒提出的。1973年，他被麻省理工学院录取。入学后，除上课外，他做的第一件事就是想方设法拜访本校和外校那些在人类前途问题上具有超前思想的学者，并参加他们的学术活动。1986年，他运用了更为通俗和形象的语言，把27年前费曼这个天才科学家的思想表述得更清楚。他说："我们为什么不制造出成群的、肉眼看不见的微型机器人，让它们在地毯上爬行，把灰尘分解成原子，再将这些原子组装成餐巾、肥皂和电视机呢？这些微型机器人不仅是一些只懂得搬原子的建筑'工人'，并且还具有绝妙的自我复制和自我维修的能力。由于它们同时工作，因此速度很快而且廉价得令人难以置信。"

1987年，德雷克斯勒创立了"未来研究所"，为纳米科技人员提供用武之地。这期间他构想并设计了各种分子环、分子转子等微型机器……为此，德雷克斯勒赢得了"展望未来的科学巫师"的绰号。

体的形状、大小和构造存在多大的差异，它们都由细胞组成，所有的生命体其最小的单位是细胞。科学家发现，细胞就好像是一个纳米级的大工厂。细胞由细胞膜、细胞质和细胞核构成。细胞中还有细丝，直径约为6~20纳米。它们纵横交错构成了细胞骨骼体系。在液状的细胞质中，含有细胞器。细胞器有线粒体、内质网、核糖体和高尔基体等。

原子力显微镜把细胞放大几十万倍，将细胞的基本生命活动，包括它们的生长、发育、分裂规律，越来越清晰地展现在人们的面前。

科学家把细胞比作纳米级的大工厂。细胞核是指挥控制中心；线粒体是细胞中的"发电站"，为细胞的活动提供能量；内质网是工厂的"传输通道"；高尔基体是工厂的"仓库"；核糖体是"化工厂"，蛋白质就

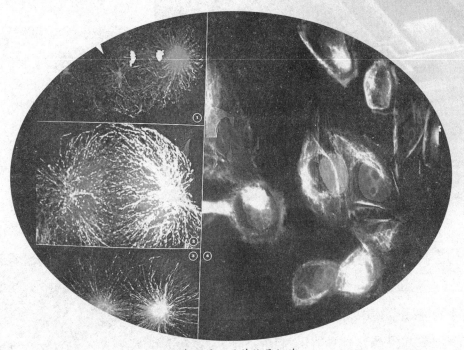

生命体最小的单位是细胞

在这里合成……多种类型的、成千上万纳米尺度的分子机器，小的如各种单分子酶——一种蛋白质，大的可以包括线粒体、核糖体甚至细胞器，在细胞核指挥下，有组织地、协调地、高效地工作，进行物质和能量的转化，维持细胞和个体生命活动。细胞核里的染色体，正是遗传物质 DNA 的载体，里面隐藏着神奇的遗传密码，控制着细胞的生长和繁殖，是指挥整个生命的最重要、最微妙的部分。

生物细胞是生命的基础。细胞大工厂的主要"产品"——核糖核酸蛋白质复合体，简称蛋白体。蛋白体是包括核酸和蛋白质的生物大分子。DNA 就是核酸的重要的部分，是细胞的指挥中心。而蛋白质不仅是构成机体组织器官的基本成分，更重要的是蛋白质在 DNA 的指令下不断地进行合成与分解，从而推动生命活动，调节机体正常生理功能，保证机体的生长、发育、繁殖、遗传及修补损伤的组织。蛋白质和生命的遗

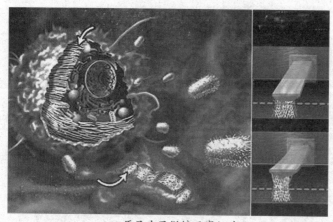

原子力显微镜观察细胞

传物质 DNA 的链都是在纳米尺度上，蛋白质的复制和变异都在纳米尺度上进行。

科学家告诉我们，被称作酶的蛋白质在细胞内所进行的生物化学反应中起着催化剂的作用，一些酶帮助合成蛋白质，一些酶用来分解蛋白质。1944 年，量子动力学的奠基人薛定锷曾在《生命是什么》一书中提出：生命活动是由纳米尺度的分子机器来实现的，酶是一种天然的分子机器，它能打断化学键，使分子重新结合。

细胞内部看似混乱，却是在有序地运动

细胞内能生成各种功能、各种结构的蛋白质。有一种蛋白质叫驱动蛋白，是一种分子马达，用来运载大的细胞物质。它包括：两条重链和一条轻链；有一对球形的头，这是产生动力的"电机"；还有一个扇形的尾，是货物结合部位。

驱动蛋白在一种名为"微管"的管道中向前走，并在细胞中拖运溶

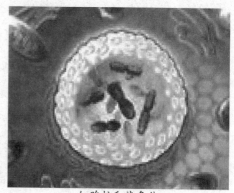

细胞核和染色体

58

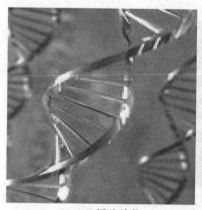

DNA双螺旋结构

蛋白质三维结构图

酶体和内质网质之类的物质。著名的马科斯—普朗克实验室把它比作纳米世界中的"拖拉机";被它拖动的"货物"比其自身要大 1000 倍以上。

驱动蛋白做旋转式运动时,它的结构更像"马达",依靠定子和转子之间的旋转运动来完成工作。驱动蛋白可以说是世界上最小的转子。

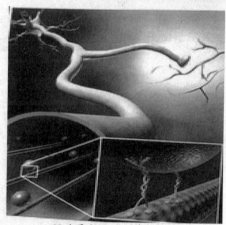

驱动蛋白沿"微管"运动

DNA 好像是一位指挥官,但它的复制要靠蛋白质来执行,就好比司令部要成立分部,还得靠下面来执行一样。负责解旋的蛋白酶以 DNA 分子为轨道,像解开拉链头一样,负责把 DNA 双链分开为两条互补单链,每分裂一

重链

轻链

铰合部

头　　　　杆　　　　尾

80nm

(a)

①　②　③

(b)
驱动蛋白的结构和运输方式

次，拉链短一截。

蛋白质与蛋白质之间的交互作用，是细胞生命中重要的核心问题。人体内，约有20万种不同的大大小小蛋白质分子，它们聚合又分离……上图右边部分显示了蛋白质聚合又分离；而左边部分，仔细观察，像锥体的蛋白质大分子是由无数一个

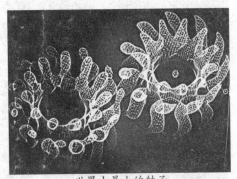

世界上最小的转子

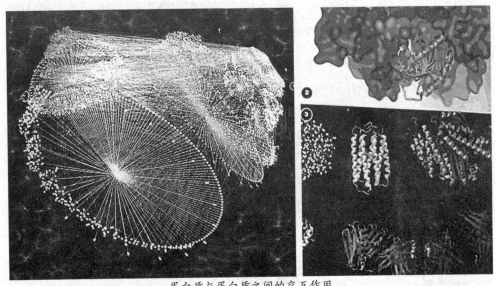

蛋白质与蛋白质之间的交互作用

比一个小的也像锥体的小蛋白质分子组成。它告诉我们，整体由部分组成，而每一小部分却包含了全部的信息。生命体的信息就是这样一层层包裹着，就像商场上卖的"俄罗斯套娃"，一个套着一个。

蛋白质在生命过程中精彩无比的表现，实在令人惊讶，但它却真实地发生在纳米世界里，遵循着纳米世界的游戏规则。

迄今为止，我们还只了解细胞中纳米机器的一小部分工作原理，更多的秘密还有待我们去解开。

高超的组装水平

生命体成长过程是典型的纳米科技制造模式——自我复制、自我组装。土壤中马铃薯会操控土壤、阳光、空气和水里的原子来复制自己，逐渐长大。人类如同许多生物体一样，由一个很小的受精卵长成这么大的一个人，脱离了母体的人会按遗传信息去生长。

细胞的活动是纳米特征的活动，生物体分子组装的水平远远超出人类现有加工技术所能达到的最高水平。譬如，直径 1 微米的大肠杆菌的一个细胞存贮容量就相当一张高密度软盘的存贮容量。

一个核糖体分子能以 50 多种蛋白质为前躯体进行有序的组装，它就好像是生命体内的"纳米组装机"。

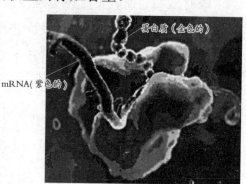

核苷酸合成 DNA 的出错率仅有 10^{-11}，绿色植物所转化的能量和合成的有机化学品的吨位数，比世界上现有的化工厂的全部生产能力还要大……

核糖体按照 mRNA 信息制造的蛋白质

生物的奇异特性

自然界中，有很多神奇的现象，如荷叶面上为什么一尘不染？牙齿为什么千年不朽？壁虎为什么能飞檐走壁？昆虫的眼睛在极脏的环境中为什么还能保持洁净？为什么有些动物能够凭借奇特的嗅觉器官来导航……在相当漫长的历史进程中，人们对这些现象无法解释。现在科学家发现，生物的许多神奇特性，其实就来源于它们体内原子和分子水平

小水滴落在荷叶的纳米结构上

上的独特结构——纳米结构。

荷叶效应 我们常吃的藕生长于池塘的淤泥中，露出水面的荷花亭亭玉立，而荷叶似乎永远都保持洁净。那么，荷叶为什么能出污泥而不染？科学家发现，这是由于荷叶上存在着纳米结构的缘故。用电子显微镜来观察荷叶的细绒毛，可清晰地见到叶面上有乳突体。这些乳突体的高度有 5～10 微米，每个乳突由许多直径为 200 纳米左右的突起组成。原来是生物体内微米结构加上纳米结构，在荷叶表面形成密密麻麻的无数"小山"；"小山"间的山谷太窄，小的水滴在自身的表面张力作用下形成球状，只能在"山头"间跑来跑去；水球在滚动中吸附灰尘，并滚出叶面，永远钻不到荷叶内部。人们称之为自洁叶面的"荷叶效应"。

荷叶的纳米结构

蛇和蝙蝠的本领　蛇的腹部的鳞也具有纳米的结构。这些结构包括有序的微纤维阵列，高度不对称，末端曲率半径为 20 ～ 40 纳米，正是由于不对称，阻止蛇向后，为向前运动提供摩擦。蝙蝠利用它们拇指、腕关节或脚关节的黏性垫进行黏附，特别是黏附在光滑的表面上，是因为它的黏性垫具有纳米的结构。

昆虫的自洁　很多昆虫的单眼具有 100 ～ 200 纳米的颗粒度；具有复杂双眼的昆虫，其复眼由成千上万的透镜组成，像蜻蜓的每个的眼都是由 30 000 个棱镜组成，棱镜中有很细微的绒毛。昆虫的眼具有像荷叶一样的"自洁"作用。生活在极脏环境中的甲虫，通过连续分泌油状疏水的液体来保持自身的清洁，因为这些分泌物可以阻止亲水的污垢……

苍蝇复眼的纳米结构

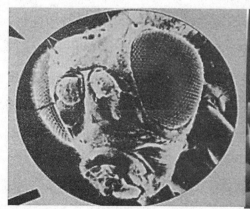

苍蝇的眼睛

蜻蜓眼睛的纳米结构

随着认识的深入，我们发现生物世界是由纳米级单元构成，生命系统是由纳米尺度上分子行为所决定，生物多样性及其复杂性的来源，不是主要决定于组成它的原子和分子，而是决定于这些原子和分子在纳米尺度上的结构，纳米尺度上的生命运动规律。

生命研究的新天地

在纳米尺度上获取生命信息的研究中，纳米技术提供了全新的手段和认识方法，使生命研究从描述性、实验性科学向定量性科学过渡，为打开生命科学神秘大门开辟了新途径。纳米科技让我们认识了生命体尤其是人体很多前所未知的现象，也让我们能够在分子尺度上探索生命的奥秘。

纳米探针

这是一种探测单个活细胞的高灵敏的纳米传感器。它可以用于探测很多细胞化学物质，可以监控活细胞的蛋白质和其他生物化学物质；探测基因表达和靶细胞的蛋白生成；筛选微量药物，以确定哪种药物能够最有效地阻止细胞内致病蛋白的活动等。

武汉大学化学学院的研究团队研制出"聪明"的纳米生物医学探针，可望全程跟踪肿瘤细胞转移过程，帮助医生进一步探索癌变发生及转移机制。研究组做了一个实验：在一只小鼠腹部种上肿瘤，再从小鼠的尾端静脉注射一种纳米探针。有趣的是，该纳米探针竟能从尾部"跑"到腹部肿瘤处"闪闪发光"，肿瘤周围却一片黑暗。这表明此纳米探针"主动"找到了肿瘤。

纳米生物探针是一种纳米大小的材料或物质。它可显示自己"踪迹"又能识别目标（如肿瘤），因此专家认为它特别"聪明"。假如让它携带

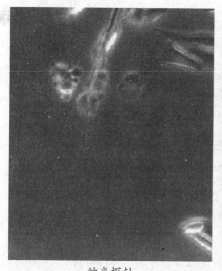
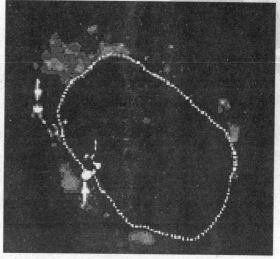

纳米探针　　　　　　　　　　纳米探针运动的轨迹

药物进入人体，它不仅可识别还可准确杀死肿瘤细胞，这为癌症治疗提供了一种新思路。他们已用这种纳米探针快速"捕捉"到乳腺癌、子宫颈癌、肺癌等不同肿瘤细胞。

DNA 芯片

　　或称作基因芯片。它将大量特定序列的 DNA 片段（探针）有序地固化在玻璃或硅衬底上，构成储存有大量生命信息的 DNA 芯片。DNA 芯片有可能首次将人类的全部基因集约化地固化在 1 平方厘米的芯片上，密度是 40 万个探针 / 芯片，每个探针间的空间尺度是 10～20 微米。在与待测样品 DNA 作用后，即可检测到大量相应的生命信息，其中包括基因识别与鉴定，基因突变和基因表达等。

探索大脑

　　世界上有没有比人脑聪明的电脑？答案是否定的。不信的话，你拿两张同一个人穿不同的衣服、不同姿势的照片，请电脑来辨认。其结论

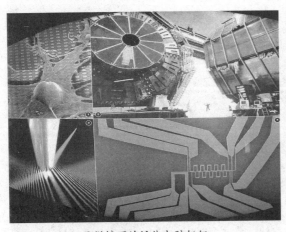
显微镜下的活体大脑组织

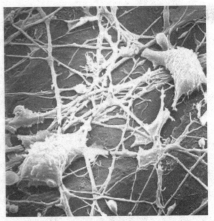
大脑神经键传输

是：这是两个人。道理很简单，电脑远不如人脑聪明。科学家对探究大脑的秘密有着极大的兴趣。

纳米科技让我们认识了人的大脑由 1000 亿个通过神经纤维相连接的神经细胞组成，整个脑神经纤维条加在一起长达 100 万千米，每个神经元通过 1 万个突触点连到其他细胞。科学家发现，尽管目前最大的电脑的记忆容量还不到 10^{12} 字节。而人脑的记忆容量的字节数则大到 10 后面跟 8432 个零！可见人脑比电脑强多了。

马克斯—普朗克实验室通过芯片和细胞的通信，探索大脑的内部神经中枢系统。他们用电场激活田野里的蜗牛的神经，并用芯片作为神经传感器来测定其电压，了解大脑中的神经网络。该神经芯片有 16 584 个传感器，可以采集来自芯片上神经细胞的信号，这种芯片开创了神经系统和脑组织生物学行为的新观察方法。

探索感知

视觉神经细胞只需驱动 10 个光子就能在我们视网膜上产生持久的光影；听觉细胞能区分两组只有万分之一秒时间差的振动；鼓膜中只有百分之一纳米大小的听蕾，比氢原子还小；嗅觉最敏感，它有 30 兆个嗅

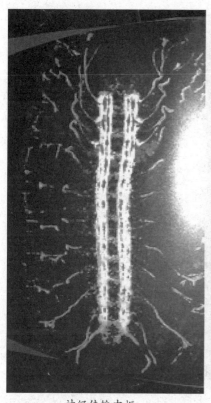

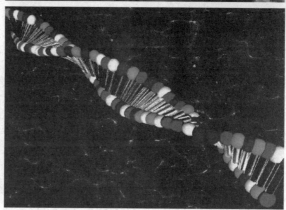

神经传输中枢   基因

觉细胞，每个嗅觉细胞上有多达几十根嗅觉纤维；体重 15 克的园林鸟，每年迁徙时飞行距离 10 000 千米，具有良好的记忆；而候鸟具有至少超过一年时间的记忆力。

这些都是纳米世界里无所不在的神奇，人们正在不断解读它。

解读"天书"DNA

人类正逐步地解读着这部"天书"。1985 年，美国科学家率先提出价值达 30 亿美元的人类基因组计划 (human genome project，HGP)。1990 年正式启动，美、英、法、德、日和我国科学家共同参与。人类只有一个基因组，大约有 5 万～10 万个基因。人类基因组计划旨在为人类基因组精确测序，发现所有人类基因并搞清其在染色体上的位置，破译人类全部遗传信息。它与曼哈顿原子弹计划、阿波罗登月计划并称为三大科学计划。随着基因组计划的实施，人类正在打开被包裹着一层又一层的生命的"黑匣子"。

揭开酶的奥秘

生命过程的每一个化学反应都有一个相应的酶进行催化。很多的疑难症都是和某种酶分子的缺陷或酶分子的活性受损有关。它们催化的生物化学反应几乎涵盖了自然界所有的化学反应类型。应用纳米科技对单分子进行测量后发现，每一种酶，不管它的作用是合成还是分解，都作用于一种名为酶作用物的特殊物质的分子。这种酶作用物可以是人体内众多物质中的任意一种，其中包括蛋白质和核酸。这一过程发生在酶的活性部位。活性部位是一个凹槽或口袋的形状。如果将酶作用物比作手，而将酶的活性部位比作手套，那么这一只手套装得下各种尺寸的手——只要它们都基本是手的形状。但是一只手套却不能同时容纳两只或更多

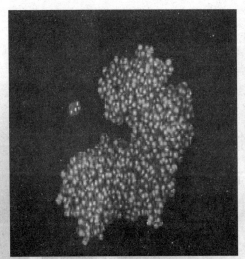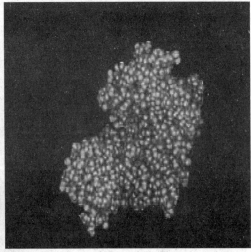

酶和酶作用物结合示意图

只手。一旦一只给定的手装在了一只手套里，即使它并不是很合适，这只手套也无法装进其他的手了。因此当抑制化合物进入活性部位后，它就会阻止酶反应的进行。

生命之水

有关生命的起源，有各种各样的传说，中国古代神话女娲用泥土和水捏成泥人，吹口气泥人就变成了活人。

这仅仅是神话，但我们的祖先在几千年前就已经知道了生命和水的关系。历经千百年的努力，科学家发现生命的起源链包括如下几个过程

无机小分子→有机小分子→有机大分子→聚合成链状有机大分子→合成原始的微团→演化为原始的细胞。

无机世界变成有机世界是一个大飞跃。有了有机物之后，才有可能合成氨基酸，最后出现生命。生命的早期过程，都发生在纳米的尺度上。纳米尺度的水是关键，有了它，才能越过生命起源的"瓶颈"过程。要探索生命起源之谜，打开生命起源的大门，关键是要进一步研究纳米尺度的水。

六、未来医学的"闪亮之星"

在不久的将来，我们走进诊所时，吞一颗药丸就可以治愈疾病。这是因为这种小药丸里面含有纳米医疗装置，微型机器人在人体内四处游走，执行纳米医疗任务，在细胞世界中寻找疾病并予以消灭。纳米科技已成为未来医学的"闪亮之星"。

基因治疗

基因是生命信息的基本因子、控制生物遗传性状的基本因素，是决定一个生物物种所有生命现象的最基本因子。寻找基因和疾病的关系，进而可发展相应的药物和治疗。

癌细胞不听命令迅速繁殖

现代医学研究证明，人类疾病都直接或间接地与基因有关。基因健康，细胞活泼，则人体健康。基因受损，细胞变异，则人患疾病。如癌症是一种细胞疾病，这种细胞不听正确的命令，而是向它自己发布成长的命令；DNA 发生变异便是诱发癌症的一个重要因素。如能及时发现和修复这些受损的基因，就可以避免疾病的发生。

我们可以大胆地预测，基因将为医学发展提供广阔的前景。

基本技术将改变现有医生的看病模式。科学家们将解开人体基因组的全部密码，许多人会拥有记载着个人、生理和疾病奥秘的基因组图，医生会根据芯片上的遗传信息，做出综合评估和给出处理意见。

未来人们在体检时，可由搭载基因芯片的诊断机器人对受检者取血，转瞬间体检结果便可以显示在计算机屏幕上。利用基因诊断，医疗将从千篇一律的"大众医疗"的时代，进入到依据个人遗传基因而异的"定制医疗"的时代。

　　基因技术将使药物更有个性。药理研究者可以按照你个人的情况配制药物，使你不会再出现药物不良反应，使药物治疗更有效。在基因治疗中还可使用基因技术，将基因导入到进行分裂的干细胞中，不必用药，疾病就可治愈。

　　对于癌症、糖尿病等发病率高和死亡率高的疾病，从基因入手设计的治疗方案，可以达到无毒副作用的医疗效果。筛检技术、基因改造和修护基因缺陷的进展，将使医学可以消除一些致命的遗传性疾病。

　　目前国际上已有近 400 个基因治疗方案处于研究或临床实验阶段，预计在 21 世纪的后半叶，不少基因治疗方法将直接用于疾病的治疗。

修复器官

　　纳米科技与生物技术的结合，为人类提供了人造皮肤、人造骨骼、人造肌肉、人造牙齿、活电线、人造眼球和人造耳蜗，乃至移植机体。

人造眼球

由于意外或疾病导致眼睛失明者，以往一般用狗眼、玻璃或聚合物

纳米眼球

作为人工眼球装入眼内，但这些植入物很难与人体相容，往往会产生排斥反应。而纳米陶瓷眼球与眼睛的肌肉组织达到很好的融合，并可以实现纳米陶瓷眼球与肌肉组织同步移动。纳米眼球如何实现"看"的功能呢？纳米晶体制成的活性复合材料，主要用作眼球外壳，里面放置的是微型摄像机、集成电脑芯片，通过这两部件将影像信号转化为电脉冲，以刺激视神经并传导给大脑神经，实现"看"的功能。

人造耳蜗

利用纳米材料制成的人造"内耳迷路"中的毛细胞，小而精，能接收细小声波的振荡，感受后传向大脑，给原来听不见的人安装后，就能听见声音。"内耳迷路"是人体位于内耳深处的一个高精尖的传感器，它具有人体听觉和平衡的两大功能。负责听觉的器官叫耳蜗，像个蜗牛，里面有淋巴液和毛细胞。接收到微声波的振动，浸在耳蜗内淋巴液里的成千上万个毛细胞就像钢琴上的键一样，依次接受音符并传送到大脑去。毛细胞具有不同长短，有规律地分布，接收不同音频、音色的振动。

人造红细胞

这是罗夫马可的纳米机器模型，由包含 180 亿个原子的纳米元件构成。人们称它为"人造红细胞"。它是用电脑辅助模型描绘由单个原子组成的分子架构组成的纳米机器，

人造红细胞可注射到人类的血液中，发挥人造红细胞的作用，并可作为人造氧气。下一个目标，是制造数量足够使用的人造红细胞。怎么来做这件事情呢？

走进满是树木的森林中，每棵树原先都是一颗种子，一个细胞不断复制再复制，最后终于长成树木。能不能让人造红细胞来模仿自然界的自我复制系统呢？回答是肯定的。科学家准备让人造红血球复制出许多

个自己。如果这一目标实现的话，我们就能生产出很多人造血液，不必为缺少血液而发愁了。

大自然目前是纳米构造领域中的领导者。每个活细胞中，大自然都提供了制造燃料的机制，给自然纳米机器带来生命，这种燃料称为核甘酸，简称 ATP。核甘酸是生命的燃料，所有生命系统都使用这种燃料，就像汽油用于汽车，没有这种燃料，生命就无法存在。

听声辨病的纳米耳

从人的外表来看，绝大多数人的身体似乎一片平静，实际上每个人的体内都是一个喧闹的世界。细菌在肚子里大肆喧闹；细胞中的线粒体就像高负荷的电厂在"轰轰"作响；DNA 片段复制时的声音类似于金属撕裂的声音……人的身体内每个细胞都在发出一些独特的声音，只是我们听不到而已。

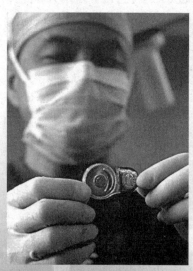

专家展示人造耳蜗

人耳结构

科学家正在研制一种纳米耳，用它就能倾听细胞发出的声音。纳米耳非常小。科学家把它们注射到血管里，它们就像微型听诊器一样密切关注人体的新陈代谢，若找到病变细胞即可"告诉"医生，从而防止病变细胞的扩散。

如何制造

在人的耳朵里，由鼓膜采集的声音到达耳蜗之前要通过三根听小骨。耳蜗是一个充满液体的器官，在耳蜗里面是一排排毛发细胞，大约有15000个。其根部是一簇簇细纤毛，这被称作立体纤毛。声波的振动使得耳蜗里的液体波动，从而使这些立体纤毛像风吹杨柳那样拂动，立体纤毛的拂动使得相应的神经细胞产生易被大脑识别为声音的电信号。由于立体纤毛的敏感性，我们才有能力区分自然界的几万种声音。

科学家从人的耳朵构造中获得了灵感，用碳纳米管来制作人造立体纤毛。加拿大多伦多大学的徐京明教授采取了类似农场植草的办法来"培育"碳纳米管，给它们设置良好的"发芽"环境，然后让它们自己"生长"。终于制造出了纳米耳。

用纳米耳看病

未来，医生们将把纳米耳放到日常医药箱里。为了实现这个目标，科学家一直在做各种各样的试验，研究不同的碳纳米管和感光底片的性能，选择最优采集数据的方法，记录纳米耳在水中、空气中和体液中的不同性能。

纳米耳技术在其他领域的应用前景也是很光明的。例如，在剑桥大学，化学家已经在探索一种新方法去聆听化学反应的声音，最终纳米耳能够辨别化学物质、化学反应的种类。在分子水平上的声学研究是一块未经开发的处女地，目前还有许多工作要做，但是理论上的障碍已经扫除了。

纳米陷阱捕捉病毒

诺贝尔奖的获得者、著名科学家约苏亚·来德伯格曾说过："在统御地球的事业上，我们唯一的真正竞争者是病毒。"每年因呼吸道感染而死亡的人数达 400 万，排名首位；

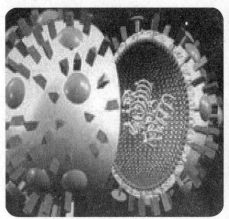

SARS 病毒

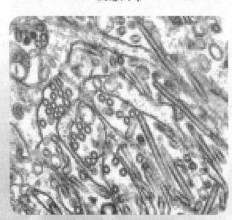

流感病毒

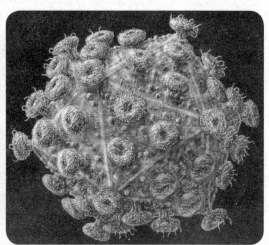

艾滋病病毒

禽流感病毒

病毒的自我复制示意图

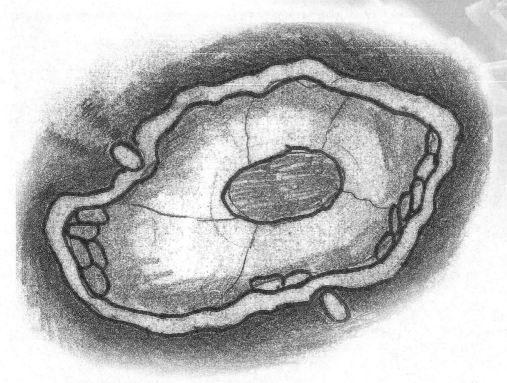

纳米陷阱示意图

280万人死于艾滋病……

　　然而，纳米科技自有对付它的办法。如人们设了个纳米陷阱，让病毒自投罗网，进去后出不来，陷入死亡。

　　纳米陷阱是一个细胞形的纳米级高分子颗粒，由外壳、内腔和核三部分组成。表面有硅铝酸，作为对流感病毒的诱饵。

　　原来，细胞表面的唾液酸是流感病毒的受体，可与流感病毒血凝素结合，流感病毒借以危害人体细胞。现在纳米陷阱使流感病毒与硅铝酸结合，掉入陷阱，病毒就无法感染人体了。同样的方法期望用于捕捉类似艾滋病的病毒。如装上化疗药物，还能治各种肿瘤。

　　人们习惯于把细菌同病毒、疾病联系在一起。其实不然，90%以上的细菌是无害的，它们是人类的"好朋友"。

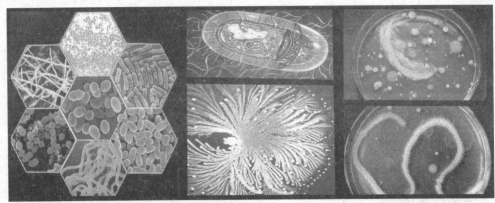

各式各样的细菌　　　　　细菌的形态和结构　　　　细菌在肿瘤中心繁殖

　　美国一个研究细菌的研究所发现一种特殊的细菌，它能"触发"癌症患者免疫系统的"引信"。这类细菌被注入患有癌症的动物体内，在肿瘤中心很快繁殖，从里到外地摧毁肿瘤直至令富氧的癌细胞死亡；细菌的传染会促进动物免疫系统的识别能力，使之积极地攻击剩余的癌细胞。它有望治愈肝癌、肺癌……并免除患者化疗、放疗的痛苦。

　　除癌症外，艾滋病更是一个"杀人"的恶魔。大部分感染艾滋病的病人都是经肠道或生殖部位接触到病毒而遭殃的。美国研究人员已成功地利用基因改造一种肠道细菌，它能分泌出蛋白质阻止艾滋病病毒感染细胞。

纳米药物

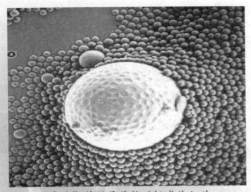

"囊泡"将微量药物送抵感染细胞

　　纳米技术是以分子为单位的制造技术，不言而喻，纳米药物就是分子药物。尽管它尚处在研究阶段，但已受世人瞩目。

　　纳米药物是指将药的原料物直接加工成纳米粒度的粒子。它具有可溶性好、便于吸收、在体内生长循环、隐形和立体等特点，增加了药物的靶向性。科学家正利用它治疗癌症、艾滋病等顽疾。如科学家发现艾滋病的病毒有一个特殊的"嗜好"，它喜欢碳-60粒子，会与之结合。于是，科学家制成了以碳-60为核心的靶向药物，杀灭艾滋病毒。

纳米载体是指溶解或分散药物的各种纳米粒子、纳米脂质体、聚合物纳米囊、纳米球、纳米混悬剂等。如利用人工"囊泡"将微量药物直接送抵感染细胞，以达到靶向释药。靶向释药的纳米粒子，是抗肿瘤药物和抗寄生虫药物的理想载体。

纳米磁性材料

医生将血红素经过纳米技术进行磁性处理后，注射进入患者血管参加血液循环。纳米磁性材料通过堵塞血管的局部时，会带动该处的血红素恢复有序的流动，从而减轻堵塞，得到又快又好的疗效。患者血管堵塞、酸痛、肿胀、活动受限等临床病痛会立刻缓解。这就像交通警察及时做出疏导，很快就解决了现场拥堵一样。

纳米磁性材料的一种有启发性的医药用途是治疗癌症。德国柏林医疗中心将粉碎的铁氧体纳米粒子，用葡萄糖分子包裹，在水中溶解后注入肿瘤部位。癌细胞吞噬养分，便将葡萄糖分子往自己身边拉，于是癌

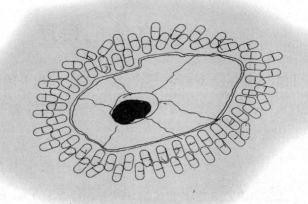

癌细胞被葡萄糖分子包裹的磁性纳米粒子包围示意图

活抗生素石得菌及其宿主　　　　培养器皿中的石得菌

细胞和磁性纳米粒子便浓缩在一起，肿瘤部位完全被磁场封闭。这时启动体外交变感应电流的开关，磁性纳米粒子在交变感应电流的作用下发热，该部位升温可达 47℃，从而慢慢杀死癌细胞，而周围的正常组织丝毫不受影响。

生物的自疗

自然界中有许多神奇的物质，具有天然灭菌、再生和自疗的特点。随着纳米科技和生物技术的结合，将这些物质加工成分子药物，必将攻克顽症，造福人类。

活抗生素——石得菌，是所有菌类中最令人着迷的一种。它能将自己依附在特定的宿主身上，并从内部消灭它们。如它将自己结合在宿主的双键 DNA 上，可阻止癌细胞的复制，扼杀刚萌出的癌细胞。

大家知道，蜥蜴的尾巴落掉了可以再生；海星掉下来的一只角可以再生成一只完整的海星；蚯蚓被斩成数段，照样能存活。但这还不算厉害，墨西哥的蝾螈，是世界再生能力的冠军。即使是成年的蝾螈，也能在几个星期内再生失去的腿、颌骨、甚至心脏组织。近年来科学家发现，水陆两栖的动物有令人吃惊的再生能力。这些特点，有的已被制成一种能修复受损器官的药物，用来唤醒人类自身的再生能力。例如人体胰岛素的再生，可以解除糖尿病人痛苦。

中华的瑰宝

中药是中华的瑰宝，是来自大自然生物的药物。中药体系经受了千百年的考验，保存至今。在崇尚自然潮流越来越盛的今天，世界各国对中医药的兴趣越来越浓，中医药进入世界医疗体系是必然的趋势。

中药长期以来采用传统的煎煮方法。中药材经过炮制成粉剂、药丸等，其中也只提取了药材中所含成分的 10% ～ 30%。而将中药加工成纳米药物，病人用药后，药物可直达病灶，激活中药中细胞活性成分，直接攻击病毒、有害细菌，从而大大提高疗效。如武汉华中科技大学的研究人员把普通的牛黄加工成纳米颗粒，这种纳米颗粒具有极强的靶向作用，可以治疗疑难杂症。中药是以自然界中植物为主，讲究"自然平衡"，但它也有毒性。经研究表明，一些中药加工成纳米粒子后，副作用大大降低，疗效大大提高。

让我们利用纳米技术，发展中药，把祖先留给我们的宝贵财富更加发扬光大，造福人类。

青少年朋友们，历史上每一项重大技术出现，都会影响一代人甚至几代人的生产和生活。蒸汽机的出现引发了第一次工业革命，人们告别了手工作坊的时代。电的发明又使人类进入到电气时代。晶体管的发明

纳米尺度物质的负面效应

纳米尺度的物质对生命过程的影响，有正面的也有负面的。正面纳米生物效应，将给疾病早期诊断和高效治疗带来新的机遇和新的方法。负面纳米生物效应，则会对人体健康、生存环境和社会安全等产生潜在的负面影响。如人们在日常生活中经常接触到纳米颗粒物质，主要是来自烟囱和柴油车的排放物、垃圾燃烧的烟雾等。其颗粒直径大约为 50～70 纳米，被吸入人的肺泡后，对肺有严重的伤害。因此，纳米生物效应研究的另一个重要方向是如何通过物理或化学的方法来消除纳米物质的毒性，"使纳米技术成为人类第一个在其可能产生负面效应之前，就已经过认真研究，引起广泛重视，并最终能安全造福人类的新技术"。研究纳米尺度物质负面效应的一门科学称为纳米毒理学。

导致了电脑和网络的出现，使人类的联系空前便利起来。现在纳米科技的发展，也将引发新的工业革命。它将促进包括信息科技、生命科技在内的所有的科技飞速发展，使所有的传统产业"旧貌换新颜"，并且改变人们的思维方式和生活方式。同时，纳米技术将成为地球环境的守护神。因为使用纳米技术来制造产品，意味着精确控制到分子，既不会少一丝一毫，也不会多一丝一毫，节约了原材料，也不会产生环境污染。

据专家估计，纳米科技现在的发展水平仅仅相当于计算机和信息技术在 20 世纪 50 年代的水平。从某种程度来说，世界各国对纳米世界的探索几乎都站在同一个起跑线上。这对中国乃至所有第三世界国家都是难得的历史机遇。

然而，正当我们沐浴纳米科技的阳光之际，我们切不可忘记科技是双刃剑，纳米科技也不例外。当纳米科技的概念还在襁褓之中时，有人已经担心：纳米机器人会不会是"潘多拉盒子"中放出来的"魔鬼"？连一贯喜欢标新立异的德雷克斯勒也很担心。他问自己：万一可以自我复制、有繁衍功能的纳米机器人失去控制，该如何办？

所幸的是 21 世纪是更加理性的世纪，人类理性审视及人文关怀的力量正在发挥作用。当有的科学家提出搞"克隆人"设想时，就遭到舆论的普遍反对。

青少年是祖国的未来。在祖国大力发展纳米科技的进程中，这神奇而又无所不在的纳米世界的奥秘，有待你们去进一步深入揭开。正确利用纳米技术的长处，消除其害处，纳米技术将带领世界经济走上一条人与自然和谐发展的道路。

本书的出版还要致谢张一帆和张敢两位同志的大力协助

测 试 题

一、选择题

1. 纳米是长度单位，1 纳米等于___。

   A. 一微米的百分之一　B. 100 毫米　C. 百亿分之一米　D. 10^{-9} 米

2. 纳米科技思想的倡导者即第一个提出调动原子以组装物质的科学家是___。

   A. 格莱特　　B. 费曼　　C. 德雷克斯勒　　D. 爱因斯坦

3. 1989 年，IBM 公司的研究员唐纳德·埃戈勒与一位同事用当时世界上最精确的测量和操纵工具，在一块镍晶体上缓慢、巧妙地移动了 35 个___，并拼出了"IBM" 3 个字母。

   A. 氢分子　B. 氙原子　C. 氩原子　D. 氖原子

4. 第一届纳米科学技术大会于 1990 年在美国城市___召开。

   A. 芝加哥　B. 纽约　C. 巴尔的摩　D. 西雅图

5. ___年，美国贝尔实验室制造出了一个惊世杰作——纳米机器人。

   A. 1975　B. 1980　C. 1985　D. 1990

6. 长期以来，人们只知道物质由原子组成，却不能直接"看"到原子。这个情况直到___诞生才得以改变。有了它，我们能把导电物体表面的原子、分子"看"得清清楚楚。

   A. 光学显微镜　B. 扫描隧道显微镜　C. 望远镜　D. 放大镜

7. 科学家发现，壁虎的一个脚趾能挂住整个身体是因为上面有上百万根头部像铲子一样的刚毛，每一根刚毛上还生有数以万计的细小刚毛。它们在与物体接触时，能与其表面充分贴合，这样就会产生___。

   A. 纳米引力　B. 微米引力　C. 原子引力　D. 分子引力

8. 1900 年，德国物理学家普朗克首先发现，微观世界物体能量的变化是非连续的这种不连续的最小能量单位便是___。这个划时代的发现，打破了一切自然过程都是连续的经典理论，第一次向人们揭示了微观自然过程的非连续本性。

A. 量子　B. 原子　C. 能量子　D. 分子

9. 科学家利用萘酞菁有机分子内的两个氢原子，制造出了___，能将一个分子打开和关闭。它的出现使超级计算机和超小芯片的诞生成为可能。

A. 原子开关　B. 电子开关　C. 分子开关　D. 纳米开关

10. 科学家惊讶地发现，当物质的尺寸小到 0.1 纳米～___纳米时，其性能会发生突变，出现许多奇异的、崭新的物理性能。

A. 10　B. 20　C. 50　D. 100

11. 在 20 世纪 60 年代关于原子模型的大讨论中，我国科学家___提出了"妙观"的概念。"妙观"层次的探究，推动了粒子加速器、对撞机、电子显微镜、原子弹、氢弹的产生，以及原子能发电、高能辐射技术的广泛应用、激光的发明等等。

A. 钱学森　B. 钱伟长　C. 华罗庚　D. 茅以升

12. 科学家把细胞比作纳米级的大工厂，___是指挥控制中心。

A. 细胞核　B. 细胞质　C. 蛋白质　D. 核糖体

13. 20 世纪 90 年代，中国科学院北京真空物理实验室和化学所运用___自如地操纵原子，进行了纳米级的表面加工，在晶体表面刻写出"中国"两字。

A. 扫描隧道显微镜　B. 光学显微镜　C. 微型机械手　D. 激光

14. 研究纳米尺度物质负面效应的一门科学称为___。

A. 纳米病毒学　B. 纳米病理学　C. 纳米毒理学　D. 纳米神经学

15. 英国著名科幻作家___在《天堂的喷泉》作品中大胆地提出了"太空天梯学说"。

A. 戴尔　B. 托尔斯泰　C. 克拉克　D. 凡尔纳

16. 纳米铜的强度比普通铜高___倍，在室温下冷轧可从 1 厘米左右延展到近 1 米，厚度也从 1 毫米成为 20 微米，超塑性形变延伸 50 倍而不断裂。

A. 1　B. 5　C. 10　D. 20

17. 天梯的材料是最棘手的问题，到了 1991 年美国科学家发现了___，从而解决了这一难题。

A. 超强钢管　B. 超强尼龙绳　C. 同轴多层碳纳米管　D. 纳米绳

18. 纳米技术倡导者德雷克斯勒被人们称作____。

   A.科学家 B.幻想家 C.科学巫师 D.医生

19. 纳米管是由原子构成的直径为纳米尺度的中空管状结构。碳纳米管有着不可思议的强度与韧性，重量却极轻，导电性极强，兼有金属和半导体的性能；把纳米管组合起来，比同体积的钢强度高____倍，重量却只有1/6。

   A.20 B.50 C.100 D.150

20. 美国赖斯大学的科学家利用纳米技术制造出了世界上最小的汽车。它和真正的汽车一样，拥有能够转动的轮子。只是它们的体积是如此之小，甚至即使有____万辆纳米汽车并列行驶在一根头发上也不会发生交通拥堵。

   A.1 B.2 C.3 D.4

21. 范德瓦尔斯力是____。

   A.分子间一种互相吸引力 B.物质之间一种弱磁力

   C.中性分子或原子间近距离的一种互相吸引力

   D.电子之间相互吸引的力

22. 生命的早期过程，都发生在纳米的尺度上，纳米尺度的____是关键，有了它才能越过生命起源的"瓶颈"过程。

   A.水 B.空气 C.微粒子 D.细胞

23. 罗夫马可的纳米机器模型即____，由包含180亿个原子的纳米元件构成。科学家把它们注射到人类的血液中，可为人体制造氧气。

   A.人造血液 B.人工分子 C.人工制氧器 D.人造红细胞

24. 在下列几种显微镜中，____是不能够用来研究纳米粒子的。

   A.光学显微镜   B.扫描探针显微镜

   C.原子力显微镜   D.电子显微镜

25. 在下面叙述的几种纳米材料的产品或性能中，____是现在还没做到的。

   A.用纳米碳管编成缆索，从宇宙飞船上放下来吊东西上去

   B.不沾水，不受油污的国旗，在风雨中鲜艳地飘扬

   C.纳米颗粒处理过的纤维制成内衣，抗菌，不生癣疮

   D.用纳米瓷杯喝完水后，可以做到杯子中滴水不留，20分钟后90%的细菌被

消灭

26. 下列技术中的___不是纳米技术。

   A. 将蚂蚁粉碎至 30 000 目，能提高保健品的人体吸收效果

   B. 将金子颗粒细化至纳米级，放在炒菜的铁锅内，300℃下熔化

   C. 将高熔点的耐火材料（例如二氧化锆）的纳米颗粒，混入将要烧结成刀具或耐火器件的粉末中，以成倍降低烧结温度，节省能源

   D. 改变"碳-60"的形态，使导电的碳变成绝缘体

27. 假设一个人穿着一双底部用纳米材料处理过的鞋，每步都从脚跟到脚尖慢慢提起，用这种办法此人能像壁虎那样在天花板上行走，请问这是采用纳米粒子四大效应中的___。

   A. 量子效应 B. 小尺寸效应 C. 表面效应 D. 量子隧道效应

28. 制造纳米粒子的办法很多，下述方法中的___不能制造出纳米粒子。

   A. 用铸造型砂实验室的型砂筛中最细的筛子去筛分天然石粉

   B. 用力快速弯一块薄钢板，为了在变形速度极高处得到纳米晶粒

   C. 用肥皂泡吸附起溶液中的纳米颗粒，再收集泡沫

   D. 将固体在真空反应器中用高压电弧汽化，沉积纳米级颗粒

29. 在下列物体中的___不是用体内纳米磁性粒子来导航的。

   A. 响尾蛇导弹 B. 蜜蜂 C. 海龟 D. 信鸽

30. 纳米镊子用电操作，它实际上是一对___。

   A. 电子 B. 电容 C. 电压 D. 电极

31. 用电子显微镜来观察荷叶的细绒毛，可清晰地看到叶面上有___。它们在荷叶上形成无数"小山"。"小山"间的山谷太窄，因此小水滴永远钻不进去，从而使荷叶表面保持干净。

   A. 凸起 B. 小坑 C. 凹陷 D. 乳突体

32. 日本科学家制造出了目前世界上最小的剪刀，这种剪刀只有 3 纳米长。科学家是用___来操作这把分子剪刀的。它能像钳子一样牢牢夹住分子，并可拉动、转动或对分子进行扭曲。

   A. 声音 B. 光 C. 电 D. 原子

33. 科学家研制出了纳米直升机，大小与病毒粒子差不多，可以在人体细胞内完成包括发放药物在内的各种医疗任务。纳米直升机以____作为"燃料"，这种发动机可以连续运转 2.5 小时。

A. 声音　B. 汽油　C. 电　D. 人体内的 ATP

34. 科学家将磁性的纳米粒子用葡萄糖分子包裹，在水中溶解后注入肿瘤部位。癌细胞吞噬养分，便将葡萄糖分子往自己身边拉，于是癌细胞和磁性纳米粒子便浓缩在一起。这时启动体外____的开关，磁性纳米粒子开始发热，从而慢慢杀死癌细胞。

A. 交变感应电流　B. 磁场　C. 静电　D. 电灯

35. 鸽子、蝴蝶、蜜蜂等生物中存在超微磁性粒子，使这些生物在地磁场中能辨别方向，具有回归本领。它们体内的磁性颗粒是大小为____纳米的磁性氧化物，这种小尺寸超微粒子的磁性比大块材料强 1000 倍。

A. 10　B. 20　C. 30　D. 40

36. 纳米银微粒小到____纳米时，就会出现量子能级效应，由导体变为绝缘体。

A. 10　B. 15　C. 20　D. 30

37. 太阳光对人体有伤害的紫外线主要在 300～400 纳米波段。三氧化二铝纳米粉体和____都有吸收这个波段紫外线的特性。将它们加入到纤维中，就可以使服装有效吸收紫外线，保护人体不受伤害。

A. 云母　B. 纳米颗粒　C. 纳米云母　D. 纳米云母微粒

38. 超高密度集成电路的元件之间是用纳米级同轴电缆连接的。我国科学家成功制出了直径只有头发丝的____粗细的纳米级同轴电缆，为解决这一世界性的难题提供了有效途径。

A. 1/1000　B. 1/2500　C. 1/5000　D. 1/7500

39. 很多昆虫的单眼具有____纳米的颗粒度。这些昆虫的眼具有像荷叶一样的"自洁"作用，即使生活在极脏的环境中，也能保持清洁。

A. 100～200　B. 200～300　C. 300～400　D. 400～500

40. 美国科学家试制成功了____。它是用多层碳纳米管用作转子。这种马达可以在超低温至数百度的高温等很大的温度范围内工作，还可以在真空中以及液体中使用。

A. 纳米马达　B. 纳米机械　C. 纳米泵　D. 纳米汽车

二、问答题

1. 纳米器材都具有更小、更快、更冷的特点，更小、更快、更冷的含义是什么？

2. 机器人已经发展了三代，按作用它们可分成三类。你能否具体讲一下哪三代和哪三类。

3. 纳米碳管是普通石墨的一个奇异变种，它有哪些特点？

4. 根据你所掌握的知识请设计一种方法去证明市场上某种纳米产品是假的。

5. 你能简述一下纳米机器人的特点吗？

6. 纳米技术使未来战争形态发生什么变化？

7. 请设想一种由于表面效应得到的性能。

8. 请设想一种由于小尺寸效应得到的性能。

9. 给你一些纳米级的金、银、铜或锡的黑色粉末，你可用来做什么？

10. 你能根据现在生产纳米材料的方法想出一个新方法吗？

测试题答案

一、选择题

1.D　2.C　3.D　4.C　5.D　6.B　7.D　8.C　9.C　10.D
11.A　12.A　13.A　14.C　15.C　16.B　17.C　18.C　19.C　20.B
21.C　22.A　23.D　24.A　25.A　26.B　27.C　28.A　29.A　30.D
31.D　32.B　33.D　34.A　35.B　36.C　37.D　38.C　39.A　40.A

二、问答题（略）

图书在版编目 (CIP) 数据

纳米世界 / 周坚白，陈国虞，许祖馨编写 . —上海：少年儿童出版社，2011.10
（探索未知丛书）
ISBN 978-7-5324-8924-4

Ⅰ.①纳... Ⅱ.①周...②陈...③许... Ⅲ.①纳米材料—少年读物 Ⅳ.① TB303-49

中国版本图书馆 CIP 数据核字（2011）第 219233 号

探索未知丛书

纳米世界

周坚白　陈国虞　许祖馨 编写

施瑞康　沈　璐 图

卜允台　卜维佳 装帧

责任编辑 黄　蔚　　美术编辑 张慈慧
责任校对 陶立新　　技术编辑 陆　赟

出版 上海世纪出版股份有限公司少年儿童出版社
地址 200052 上海延安西路 1538 号
发行 上海世纪出版股份有限公司发行中心
地址 200001 上海福建中路 193 号
易文网 www.ewen.cc　少儿网 www.jcph.com
电子邮件 postmaster@jcph.com

印刷 北京一鑫印务有限责任公司
开本 720×980　1/16　印张 6　字数 75 千字
2019 年 4 月第 1 版第 3 次印刷
ISBN 978-7-5324-8924-4/N·946
定价 26.00 元